Newtons Apfel

50 Meilensteine der Wissenschaft

Newtons Apfel!

50 Meilensteine der Wissenschaft

Herausgegeben in Zusammenarbeit mit Bild der Wissenschaft – Deutschlands erstes Wissenschaftsmagazin

THEISS

Die Deutsche Nationalbibliothek verzeichnet diese Publikation in der Deutschen Nationalbibliografie; detaillierte bibliografische Daten sind im Internet über http://dnb.d-nb.de abrufbar.

Der Theiss Verlag ist ein Imprint der WBG.

Die Herausgabe des Werkes wurde durch die Vereinsmitglieder der WBG ermöglicht.
Redaktion: Zeitschrift BILD DER WISSENSCHAFT
Chefredakteur: Prof. Dr. Christoph Fasel (V.i.S.d.P.)
Layout, Satz und Prepress: schreiberVIS, Seeheim
Einbandabbildung: © fotolia
Einbandgestaltung: Harald Braun, Berlin
Gedruckt auf säurefreiem und alterungsbeständigem Papier
Printed in Germany

Besuchen Sie uns im Internet: www.wbg-wissenverbindet.de

ISBN 978-3-8062-3586-9

Elektronisch sind folgende Ausgaben erhältlich:
eBook (PDF) 978-3-8062-3595-1
eBook (ePub) 978-3-8062-3596-8

Inhalt

Die größte künstliche Sonne der Welt scheint seit März 2017 in Jülich. 149 jeweils 7000 Watt starke Xenon-Kurzbogenlampen können hier auf ein Feld von 20 Zentimeter im Quadrat fokussiert werden – und dabei 3000 Grad Hitze erzeugen. Das Ziel: Neue Wege der Wasserstoff-Erzeugung zu finden.

Der Kampf um die Vernunft

Die Geschichte der Menschheit ist die Geschichte von Wissenschaft und Forschung, von Erfindungen und Entdeckungen, vom Ringen um Erkenntnis und Wahrheit. Es ist die Geschichte vom Zweifeln, vom Irren – und von der Entdeckung der Vernunft.

Warum Wissenschaft uns überleben lässt. Wie sie vor Aberglauben, Scharlatanerie und Dummheit schützt. Und was sie dazu beitragen kann, die Menschheit zu retten.

„Zwei Dinge", so schrieb Albert Einstein einmal, „sind unendlich: das Weltall und die menschliche Dummheit". Und dann fügte der Schöpfer der Relativitätstheorie den entlarvenden Satz hinzu: „Aber bei dem Universum bin ich mir noch nicht ganz sicher!"

Zynismus oder Weisheit? Wer die Geschichte der Menschheit kennt, wird diese Einschätzung teilen. Denn die Zahl der Katastrophen, die Menschen durch ihr Handeln gegen jede rationale Einsicht erzeugt haben, belegt: Der Mensch ist so vielschichtig angelegt, dass seine kognitiven Fähigkeiten und seine ihm eigene Fähigkeit, logisch zu denken, Folgen abschätzen zu können und rational zu entscheiden, nicht mehr als ein dünner Firnis der Kultur in seinem Dasein sind.

Zu gewagt die These? Nein, eher im Gegenteil.

Sehen wir den Tatsachen unerschrocken ins Auge.

Allein der Blick in die uns zugängliche Geschichte bietet ein Panoptikum von Mord und Totschlag, Niedertracht und Gewalt, Tod und Leiden – und nur wenige Beispiele von logischem Handeln und zielgerichtetem Wirtschaften. Warum ist der Mensch, quer durch alle Epochen, und noch bis in die gegenwärtige Stunde, nicht in der Lage, seine Fähigkeiten in den Dienst einer segensreichen Weiterentwicklung und damit einer Humanität zu stellen, die Tod verhindert, Hunger bekämpft und Leiden mindert?

Die Antwort lautet schlicht: Weil es ihm schwer fällt, rational zu denken. Denn wenn er es täte, könnte er Unglaubliches schaffen.

Zu kurz gedacht? Nein:

Begeben wir uns auf einen Streifzug durch die Geschichte der Erkenntnis, die dieser Band präsentiert. Durch 50 Sternstunden von Forschung, Wissenschaft und Entdeckungen, durch 50 Augenblicke, die die Welt veränderten und bis heute beeinflussen. Sie alle sind Zeugnis jener Kraft, die den Menschen von allen anderen Lebewesen fundamental unterscheidet.

Es ist die Lust auf Erkenntnis. Es ist der Drang, sich Gewissheit zu verschaffen. Es ist die Suche nach dem Gültigen, nach Erklärungen, die Sicherheit bringen. Es ist jene Kraft, die den Homo sapiens dazu antreibt, „dass ich erkenne, was die Welt/Im Innersten zusammenhält". Kurzum: Es ist die Kraft, die Wissen schafft. Die Griechen nennen sie *episteme,* die Römer *scientia,* wir heute: Wissenschaft.

Die Wurzeln des menschlichen Erkenntnisdrangs reichen weit zurück.

Sind es nicht schon Adam und Eva, die im Buch Genesis die Frucht vom Baum der Erkenntnis wider besseres Wissen und Strafandrohung naschen? Die Konsequenz ist bekannt: die Vertreibung aus dem Paradies. Unter Qual, Mühe und Arbeit muss das Menschengeschlecht fortan sein Dasein fristen. Das ist weit von jenem Lebensmodell entfernt, das die Schlange dem biblischen Paar verhieß: *Eritis sicut Deus scientes bonum et malum* – „Ihr werdet sein wie Gott, wissen um das Gute und Böse".

Sein wie Gott: Das ist die Verheißung, die hinter dem Wissen steht. Wissen ist Macht. Alles zu wissen, bedeutet Allmacht, dem Absoluten nahe zu sein. Doch dieses Wissen wird nicht jedem offenbar. Nach

dem Ur-Fehlschlag am Baum der Erkenntnis sieht sich der Mensch gezwungen, sein Wissen auf andere Art zu erwerben. Neben das Staunen, das am Anfang steht, neben das Fühlen, das ihm Faszination beschert, tritt das Denken.

Es bietet unseren Vorfahren zum ersten Mal die Möglichkeit, jenseits ihrer Subjektivität Entdeckungen zu machen. Diese zu analysieren. Und sich darüber mit anderen Menschen auszutauschen.

Am Anfang steht das Staunen:

vor Himmel und Erde, Wasser und Fels, Pflanze und Tier. Der Mensch entdeckt in seinen frühesten Kulturen die Macht des Kultischen. Noch vermag er Mondzyklus und Sonnenwanderung nicht zu durchschauen. Aber er lernt, sie zu beschreiben – von den frühen Zeugnissen astronomischen Rätselns über die Gestirne wie der Himmelsscheibe von Nebra, über die Sonnentempel der Maya, deren Erbauer schon eine exakte eigene Zeitrechnung beherrschten. Die Babylonier sind schon vor 4000 Jahren Meister der Astronomie, die Sonnenfinsternisse vorherzusagen wissen. Und in Europa entstehen Steinmonumente, die einen Bezug auf Mond und Sterne haben.

Dort, wo alle Erklärung stockt, beginnt der Mythos: Die Sonne fährt auf einem Wagen gen Himmel, die Sterne sind Zeugnisse der Verstorbenen für die Hinterbliebenen, Wald und Flur sind bevölkert von unzähligen Naturgottheiten, die bis in unsere Tage in den Trollen und Feen der Waldmythen überlebt haben.

Neben das Staunen tritt das Erkennen.

Die Empirie entsteht. Beobachten, messen, wiegen, schätzen. Dazu tritt bald die Analyse, das Nachdenken über die Beobachtung. Aristoteles wird im 4. Jahrhundert v. Chr. zum Begründer der modernen Wissenschaftsphilosophie. Seine „Analytica posteriora“, die „Zweite Analytik“, entwickelt Begriffe des wissenschaftlichen Vorgehens, etwa die Definition.

Schön kuschelig? Die wachsende Zahl der Menschen führt in den Mega-Städten der Welt wie hier in Hongkong zu beengten Verhältnissen. Wissenschaft kann helfen, Versorgung und Verkehr besser zu steuern – und Leben erträglicher zu machen.

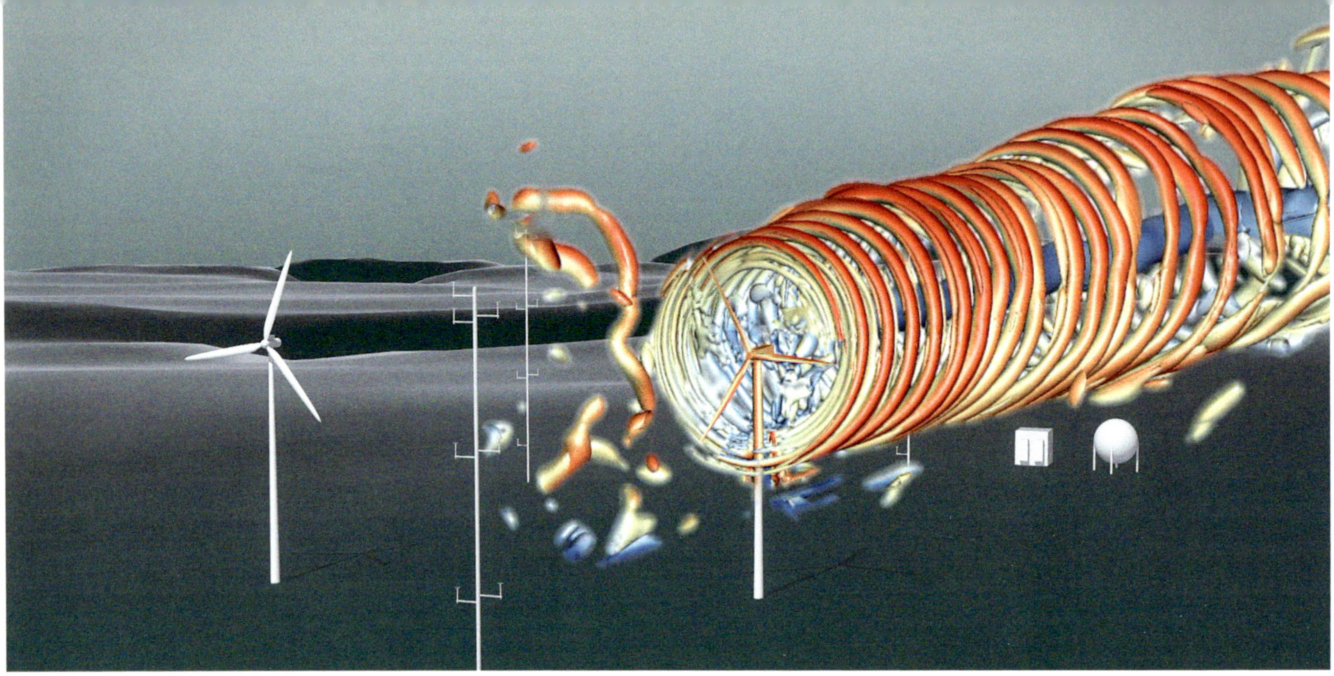

Windenergie bewährt sich zunehmend als Zukunftstechnik der Energieerzeugung: Welche Windströme ein Windrad auslöst zeigt das Standbild einer wissenschaftlichen Animation. Forscher verbessern mit ihren Untersuchungen den Wirkungsgrad solcher Anlagen.

In der Neuzeit ist es Sir Francis Bacon, der Erkenntnisse durch Theoriebildung beschreibt und den Wert von Hypothesen neu definiert. Der Franzose René Descartes begibt sich auf die Suche nach den „ersten Prinzipien", nach einer Grundlegung des Denkens unabhängig von Sinneserfahrungen, die trügerisch sein können ... „*Cogito ergo sum*": „Ich denke, also bin ich".

Auf dieser Basis bauen Generationen von Forschern und Denkern die Prinzipien der Wissenschaft weiter aus. Mit der europäischen Aufklärung gelingt der Wissenschaft, sich aus den Fängen von Scholastik, der Zweckbestimmung als Gottesbeweis, und der Alchemie als Aberglauben zu befreien. Forschung trennt fortan Wissen und Religion – was beiden ausgesprochen gut tut. Wissenschaftliche Erkenntnis errichtet ihr Gerüst von Methoden und Verfahrensweisen. Im 19. Jahrhundert hat sie sich in verschiedenen Disziplinen endgültig emanzipiert. Der Verstand, das logische Denken, der rationale Diskurs, die wissenschaftliche Erkenntnis – sie haben gesiegt. So scheint es.

Leider nicht – wie jeder weiß.

Parallel zum Fortschritt der Wissenschaft und Forschung, der sich immer mehr beschleunigt, treiben Irrationalismus und Indolenz bizarre Blüten: Nationalismus, Antisemitismus, Imperialismus, Populismus, Faschismus, Kommunismus und Militarismus. Die europäischen Kriege des 20. Jahrhunderts belegen in erschreckender Weise, dass der Zuwachs an Wissen und Erkenntnis die Macht der Dummheit nicht zu brechen vermag.

Der Beitrag der Forschung in den folgenden Jahrzehnten ist zwiespältig: Sie ermöglicht die Wasserstoffbombe und die Antibabypille. Forschung hilft, die Neutronenbombe zu bauen und Aids zu besiegen.

Zudem sind es Wissenschaftler, die immer wieder die Stimme erheben und in wichtigen Fragen die Öffentlichkeit sensibilisieren. So ist es der Club of Rome, eine weltweite Vereinigung von Forschern, die in den 60er-Jahren gegen die drohende Zerstörung der Welt ihre Stimme erheben. Ihrem Wirken verdankt die westliche Welt ein Signal, das dazu beiträgt, den Erhalt der Umwelt als ein wichtiges Ziel von Politik und Gesellschaft zu erklären. Die Menschheit, so die Botschaft, kann überleben, wenn sie zusammenhält und die Erkenntnisse der Wissenschaft wahrnimmt und umsetzt. Mit dem Zusammenbruch des Ostblocks scheint die Chance auf Abrüstung und Frieden weltweit gegeben. Wissenschaftler aus Ost und West arbeiten nun zusammen an den großen Fragen der Zukunft. Konflikte, so die Hoffnung, wird es nur noch in wenigen Regionen geben. Alles wird gut.

Dann kommt der 11. September 2001.

Mit dem monströsen Terror beginnt sich die Spirale von Entfremdung, Hass und Gewalt immer schneller zu drehen. Wieder beginnen die Irrationalismen auf allen Seiten zu wachsen. Versuche der Wissenschaft, rationale Beiträge zur Lösung der Konflikte zu liefern, laufen ins Leere. Bankenkrise, Abstiegsängste, nationale Abschottung bilden den Hintergrund, auf dem sich in den folgenden Jahren die Deprofessionalisierung des öffentlichen Diskurses entwickelt. Den größten Anteil daran haben die sozialen Netzwerke.

Die Schein-Information darin drückt den glaubwürdigen wissenschaftlichen Diskurs immer mehr zur Seite. Am Anfang stand die optimistische Hoffnung, die den sogenannten Bürgerjournalismus und die sozialen Netzwerke trug: Dank der neuen Offenheit könnte man mehr Demokratie wagen. Die Aussicht auf die Verbreitung von wissenschaftlich gesicherten Erkenntnissen im Netz, auf Teilhabe von vielen Menschen an den Fortschritten der Forschung, war ja ohne Frage verlockend.

Mobiltelefon, Internet, jederzeitige Verfügbarkeit von Datenströmen ließen ein neues Bild von demokratisierter Informationsverbreitung entstehen. Die Hoffnung war, dass die Beteiligung der Rezipienten der Verbreitung von Erkenntnissen neue Impulse geben und zur Demokratisierung des Wissens führen könnte. Partizipation, so der Gedanke, erweitert den Rahmen und die Relevanz der Information. „Jeder ist ein Künstler!", postulierte vor 40 Jahren Joseph Beuys. „Jeder ist ein Experte!", lautet nun das Echo im Zeitalter des Webs.

Die Fakten sprechen eine andere Sprache.

Fast 20 Jahre Erfahrung mit den Netzwerken zeigen: Die Beiträge des nicht-professionellen öffentlichen Diskurses versanden häufig in Beliebigkeit und decken nur subjektive und beliebige Interessen ab. Vor allem aber befriedigen sie offensichtlich Voyeurismus und unreflektierten Subjektivismus. Die meisten Blogs sind in ihrer Entstehung und nach ihrer Definition nicht in der Lage, den Regeln einer wissenschaftlichen Informationsweitergabe zu folgen. Das liegt in ihrer Natur als Tagebucheintrag oder Journal, in der die subjektive Verbreitung laut Definition die Hauptrolle spielt.

So definiert etwa Wikipedia: „Der Herausgeber oder Blogger steht, anders als etwa bei Netzzeitungen, als wesentlicher Autor über dem Inhalt, und häufig sind die Beiträge aus der Ich-Perspektive geschrieben. Das Blog bildet ein für Autor und Leser

Schmutzige Energie: Kohlekraftwerke tragen noch immer zum großen Teil zur Luftverschmutzung bei. Wissenschaftler fordern: Die Verbrennung fossiler Rohstoffe muss zugunsten erneuerbarer Energien weichen – nur so kann die Erderwärmung gebremst werden.

einfach zu handhabendes Medium zur Darstellung von Aspekten des eigenen Lebens und von Meinungen zu spezifischen Themen."

Keine Frage: Subjektive und emotionale Anteile sind bei der massenmedialen Verbreitung von Information unentbehrlich und können unter bestimmten Regeln ein Zeichen von Qualität sein. Aber eben nur dann, wenn sie in den erkennbaren Kontext eines Gesamtsystems eingebettet sind, in dem für den Leser die Trennung von Fakten und Meinung möglich ist. Das ist bei Blogs weithin nicht der Fall – mit wenigen Ausnahmen.

Wo bleibt in dieser Kakophonie des Beliebigen die Stimme der Wissenschaft?

Sie wäre schließlich am besten im Stande, die Fehlleistungen subjektiver und falscher Meldungen in einem deprofessionalisierten Netz zu korrigieren. Menschen, die wissen wollen, was wirklich wahr ist, fürchten mittlerweile die Unglaubwürdigkeit solcher Information, auf die sie sich eigentlich gerne verlassen möchten. Doch wo finden sie heute belastbare Informationen? Anspruchsvolle Informationsnutzer möchten keine Halbwahrheiten von einem selbsternannten „Bürgerjournalisten". Schließlich will ja auch niemand von einem „Bürgerpiloten" nach Mallorca geflogen oder von einem „Bürgerchirurgen" am offenen Herzen operiert werden. Anspruchsvolle Informationsnutzer brauchen wissenschaftsbasierte Fakten und Informationen.

Wie gefährlich die beschriebene deprofessionalisierte Information aus dem Netz werden kann, beweisen uns die Schreier, Verschwörungstheoretiker, Dunkelmänner und politischen Radikalen, die im Netz eine neue Heimat gefunden haben. Sie versuchen, Wahlen in den USA zu beeinflussen oder durch Gerüchte, Falschmeldungen und Desinformationen Vorurteile, Unsicherheit und Hass zu schüren. Was ihnen offensichtlich gelingt.

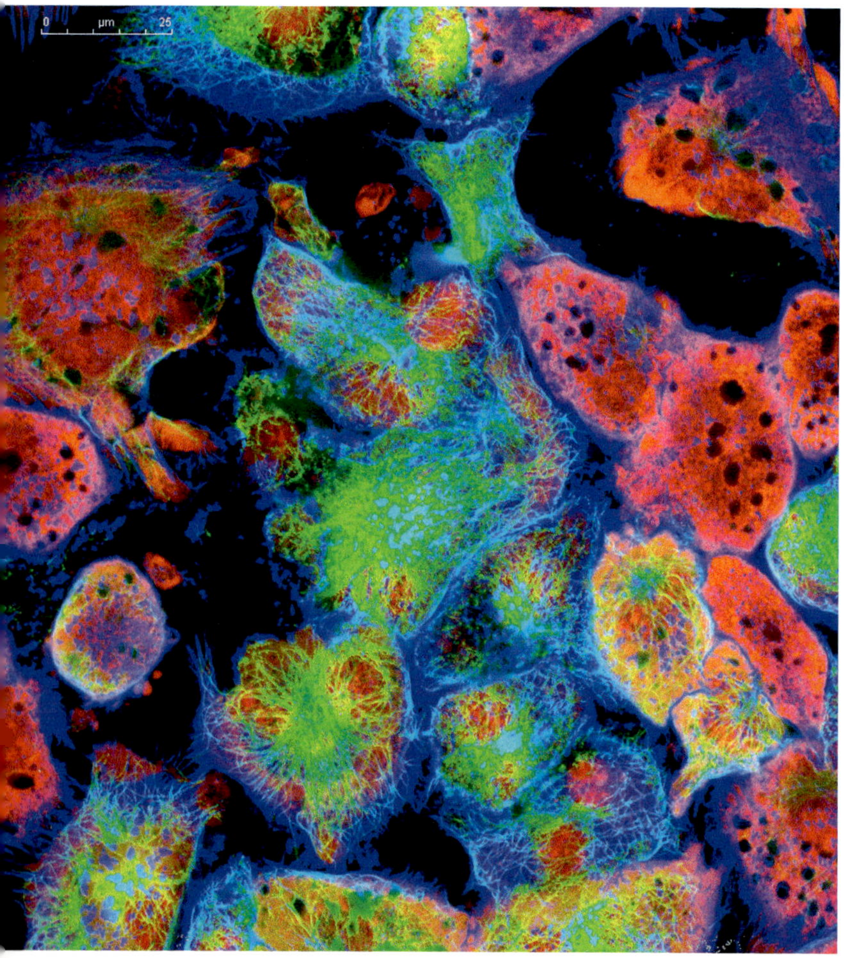

Die Geißel der Menschheit unter dem Mikroskop: Krebszellen, mit fluoreszierenden Molekülen markiert. Der Kampf gegen die vielfältigen Tumorerkrankungen ist eine der wichtigsten Aufgaben medizinischer Forschung.

Ein anti-aufklärerischer Gestus ist schick geworden.

Eine Studie zeigt, dass die Wissenschaftsskepsis in den USA immer mehr zunimmt. Gemessen an den Nobelpreisträgern sind die USA die führende Forschungsnation der Welt. Die Zeitschrift Science veröffentlichte jüngst eine Studie, die belegt, dass Wissenschaft und ihre Anerkennung in der Gesellschaft drastisch auseinander klaffen. Dies zeigt eine Untersuchung aus Anlass des Jahrestreffens der American Association for the Advancement of Science (AAAS). Vor allem bei gesellschaftlich umstrittenen Themen ist die Meinungskluft zwischen Bevölkerung und Forschern eklatant. Am meisten bei der Gentechnik: Während 88 Prozent der befragten Wissenschaftler den Verzehr von gentechnisch veränderten Lebensmitteln für unbedenklich halten, sind nur 37 Prozent der wissenschaftlichen Laien dieser Ansicht – das sind 51 Prozentpunkte Differenz. Ebenso beim Klimawandel: 87 Prozent der Forscher sehen ihn vom Menschen und den industriellen Treibhausgasen verursacht, in der Bevölkerung sind davon nur 50 Prozent überzeugt. Bei der Evolutionstheorie gehen die Meinungen zwischen Bürgern und Wissenschaftlern ebenfalls weit auseinander.

Und auch das Lager der Wissenschaftsskeptiker wächst: Laut dieser Studie geben 15 Prozent der repräsentativ Befragten an, dass die Wissenschaft eher mehr Probleme mache als sie löse.

Für denkende Menschen wird es plötzlich ungemütlich.

Im US-Wissenschaftsbetrieb ist die Stimmung mittlerweile frostig. Vor acht Jahren gaben drei Viertel der befragten Wissenschaftler an, in den USA herrsche ein gutes Forschungsklima. Aktuell sagen das nur noch 52 Prozent.

Fast genauso viele, nämlich 48 Prozent, sprechen von einer schlechten Zeit für Forscher. Stehen wir vor einer neuen Zeit des Anti-Intellektualismus? Der Feindschaft zu Wissenschaft und Forschung? Vor diesem Hintergrund stellt sich die Frage: Brauchen wir eine zweite Aufklärung?

Die aktuelle Debatte ist ein Rückfall in barbarische Positionen.

Islamismus, Fundamentalismus, übersteigerter Nationalismus, der Rassenhass des Ku-Klux-Klans, Ausgrenzungspositionen, die hoffähig werden: Sie alle zeigen, dass es dringend notwendig ist, uns noch einmal den Wert der Aufklärung und ihrer Positionen vor Augen zu führen. In dieser Aufklärung, die von Westeuropa ausging und dann nach und nach große Teile der Welt erfasste, war das Gespräch der Gebildeten lebendig. Damit es das konnte, hatte die Wissenschaft die Leitplanken für einen erfolgreichen Diskurs entwickelt. Das mag auf den ersten Blick etwas merkwürdig klingen: Ist denn Wissenschaft nicht gerade durch ein hohes Maß an Fachterminologie und damit Unverständlichkeit gekennzeichnet? Das stimmt. Trotzdem sind Wissenschaft und die mit ihr verbundene Forschung vor allem Diskurs, Gespräch,

Schmelzwassertümpel auf dem arktischen Meereis: Was wie eine Idylle wirkt ist ein Alarmzeichen. Der Klimawandel lässt weltweit die Temperaturen ansteigen und Eis und Gletscher schmelzen. Forscher arbeiten daran, die Gefahren zu analysieren – und Strategien gegen den Klimawandel zu entwickeln.

Solarkraftwerk im Test: Das DLR-Institut für Solarforschung in Köln prüft in dieser Anlage die Leistungsfähigkeit von Receiver und Spiegeln für Sonnenkraftwerke. Ihre Qualität ist auschlaggebend, wie effizient ein Kraftwerk über viele Jahre Strom liefern kann.

Debatte, Austausch. Das liegt an der Definition von Wissenschaft, so wie sie sich über die Jahrhunderte hinweg entwickelt hat.

Was also verstehen wir unter Wissenschaft?

Sie ist eine Kulturfunktion, in der sich der Inbegriff des menschlichen Wissens und des Strebens nach Erkenntnis vereint.

Das Ziel ist ein nach Prinzipien geordnetes Ganzes der Erkenntnis, so wie Kant es formulierte. Anders ausgedrückt verbirgt sich hinter Wissenschaft der sachlich geordnete Zusammenhang von wahren Urteilen, wahrscheinlichen Annahmen und möglichen Fragen über das Ganze der Wirklichkeit oder einzelne Seiten derselben.

Der Unterschied zum einfachen Erfahrungswissen, der sogenannten Empirie, lässt sich durch einen einfachen Vergleich der Motive erläutern: In der Wissenschaft geht es im Gegensatz zur Empirie nicht bloß darum, dass es einen zu betrachtenden Gegenstand gibt, sondern auch darum, warum es ihn gibt: Wissenschaft versucht also einen Schritt weiter zu gehen und über die Erscheinungen hinaus die Gründe, die Ursachen des Beobachteten zu erforschen.

Wissenschaft wird heute verstanden als eine Lebens- und Weltorientierung, die auf eine spezielle Begründungspraxis aufgebaut ist. Wissenschaftlicher Fortschritt besteht demnach in dem fortwährenden systematischen Vordringen in die Breite und Tiefe der Wirklichkeit. Darüber muss man sich verständigen können.

Wissenschaftliches Wissen muss gegenüber dem unabgesicherten, subjektiv fundierten *Meinen* seinem Anspruch nach als begründbares *Wissen* dargeboten werden. Es muss transparent, nachvollziehbar und verständlich dargestellt werden. Damit schafft Wissenschaft eine Kommunikation – den Diskurs.

Denn Wissenschaft ist letztlich nichts anderes als Kommunikation – über begründbare Erkenntnisse, die nachvollzogen werden können von jedem, der sich auf diesen Diskurs einlässt und ihn nach den Regeln der Logik führt. In diesem Sinne findet sich Wissenschaft erstmals in der klassischen griechischen Philosophie von Sokrates bis Aristoteles.

Wissenschaftliches Wissen bedarf also der Suche, der Argumentation, der Diskussion und der Begründung. Die Wissenschaft basiert auf der Erfahrungswelt:

- Sie baut auf Erkenntnissen der sinnlichen Welt auf und treibt sie zu gedanklicher Abstraktion
- Wissenschaftliche Versuche müssen wiederholbar und für jedermann transparent aufgebaut sein

- Wissenschaft behandelt keine Einzelfälle, sondern Reihen
- Sie ist ein Hilfsmittel, das durch allgemeine Regeln den Rahmen alltäglichen Handelns darstellt.

Wissenschaftliche Erkenntnis ist die Lehre der Abstraktionen. Begriffe werden ihren Bereichen zugeordnet. Dies geschieht in abstrakter Form. Und, ganz wichtig: Diese Zuordnung geschieht frei von persönlicher Wertung und zudem möglichst allgemeinverständlich.

Aussagen, die wir als Wissenschaft bezeichnen, konzentrieren sich dementsprechend auf einen wahren Aussagencharakter, der nachvollziehbar sein muss.

Doch wie definiert man Wahrheit?

Wahr bedeutet, dass sich eine wissenschaftliche Erkenntnis auf eine logisch einwandfreie Aussage beziehen muss. Dazu ist eine Basis für die Erkenntnis von Wahrheit erforderlich. Doch wie kann man die finden?

Auch hier gibt uns die Wissenschaft eine klare Antwort: Die Basis für die Erkenntnis von Wahrheit im Sinne von Wissen kann nur im Konsens gewonnen werden. Denn eine Realität – und damit Wahrheit – im absoluten Sinne gibt es nicht. Deshalb ist eine Trennung von Wissen und Meinung auch in der Wissenschaft letztlich unmöglich.

Erst der kommunikative Austausch unter Forschern ermöglicht die Bildung von Wissenschaft im Prozess des Erkennens, Prüfens, Modifizierens oder Verwerfens von Erkenntnissen. Am Schluss bleibt der ernüchternde und gleichzeitig tröstliche Satz: Wahr ist, was die Scientific Community kommuniziert – und als wahr annimmt.

Das ist der Sinn des vor Ihnen liegenden Bandes:

Wissenschaft zu kommunizieren. Als wahr erkannte und erwiesene Erkenntnisse aus der Geschichte des suchenden Menschen in den spannenden, tragischen, rührenden und erregenden Erzählungen über die Sternstunden der Wissenschaft deutlich zu machen.

Es heißt, dass jedes Rätsel, das die Naturwissenschaft löst, viele neue Rätsel aufwerfe. Den Wissenschaftlern geht also die Arbeit nicht aus. Saubere Autos und Flugzeuge, der Kampf gegen den Hunger einer steigenden Weltbevölkerung, die Verhinderung der Erderwärmung, saubere und erschwingliche Energie für alle Menschen – dafür gibt es Lösungen. Wissenschaftler haben sie durch ihre Forschungen schon seit Jahrzehnten, ja Jahrhunderten vorbereitet.

Hinter jeder Lösung, jeder Entdeckung, die dieser Band beschreibt, standen Pioniere, Tüftler, Forscher, die angetrieben wurden von Neugier, Erfindergeist und Begeisterung für das Unbekannte. Die Früchte ihrer Entdeckungen ernten wir noch heute.

Es warten die Herausforderungen der Zukunft.

Die kennen wir heute zum Teil noch gar nicht. Gegen sie gewappnet zu sein, ist wichtiger denn je. Dazu sollten wir Forschergeist, Wissbegierde und Interesse an Technik und Wissenschaft fördern – im Elternhaus, in der Schule und überall in unserer Gesellschaft. Denn Forschergeist schafft nicht nur technische Neuerungen. Er hilft zudem, besser zu verstehen, wo die Wurzeln der Menschheit liegen – und welchen Platz wir im Universum einnehmen.

All das ist viel zu wichtig, als es der menschlichen Dummheit zu überlassen, die sich gerade aufschwingt, den gesellschaftlichen Diskurs wieder einmal zu übernehmen. Lassen wir das nicht zu. Sondern entsinnen wir uns der Macht des wissenschaftlich fundierten Erkennens, des Denkens und Handelns, die in uns steckt.

Auch wenn, wie Einstein gewiss zu sein schien, andere menschliche Eigenschaften – wie die Dummheit – den Anspruch der Unendlichkeit für sich reklamieren können.

Viel Freude und Einsicht, Staunen und geniale Lese-Erlebnisse wünscht Ihnen im Namen der Wissenschaftlichen Buchgesellschaft und der *bild der wissenschaft*-Redaktion

Ihr Christoph Fasel

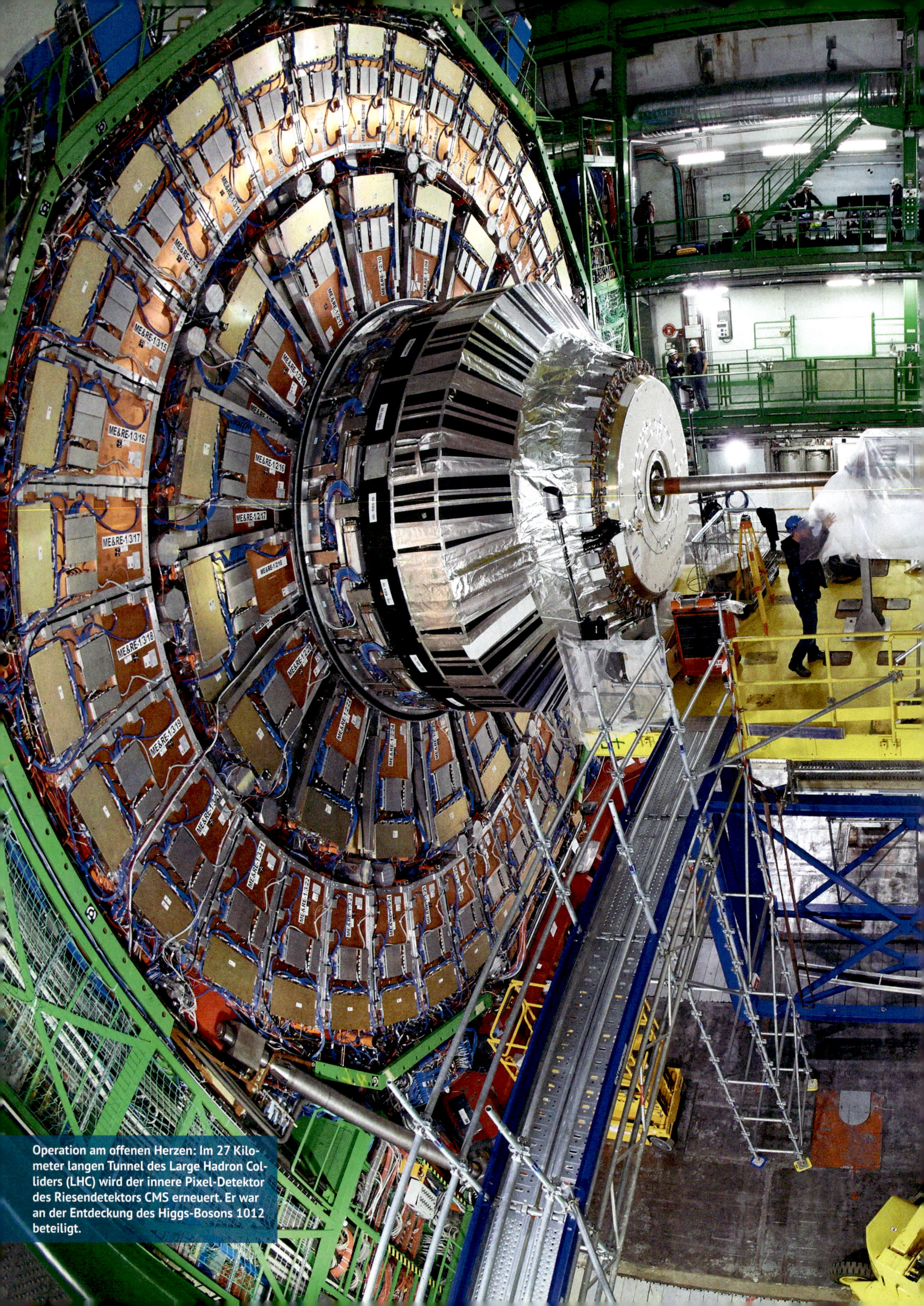

Operation am offenen Herzen: Im 27 Kilometer langen Tunnel des Large Hadron Colliders (LHC) wird der innere Pixel-Detektor des Riesendetektors CMS erneuert. Er war an der Entdeckung des Higgs-Bosons 1012 beteiligt.

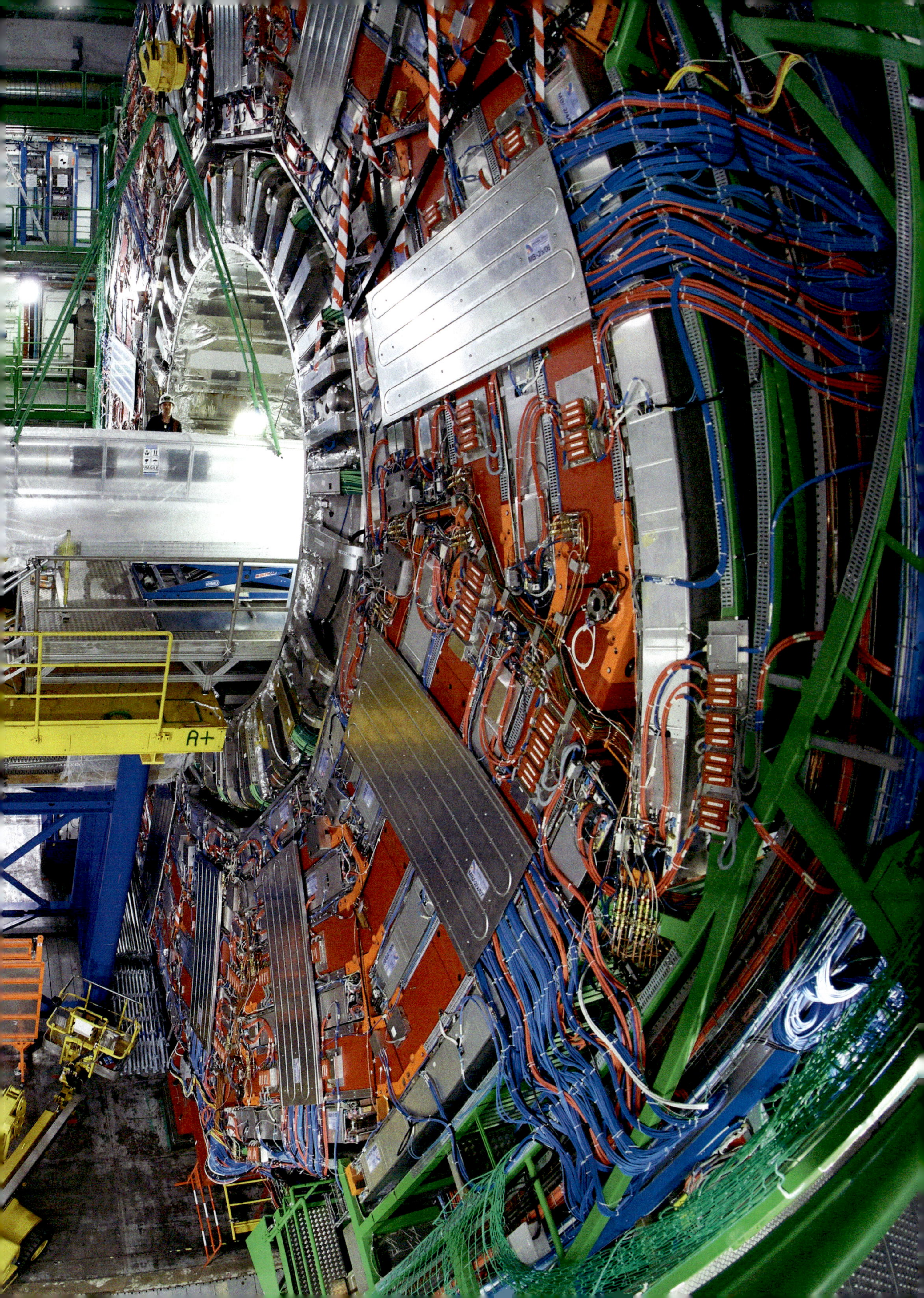
A+

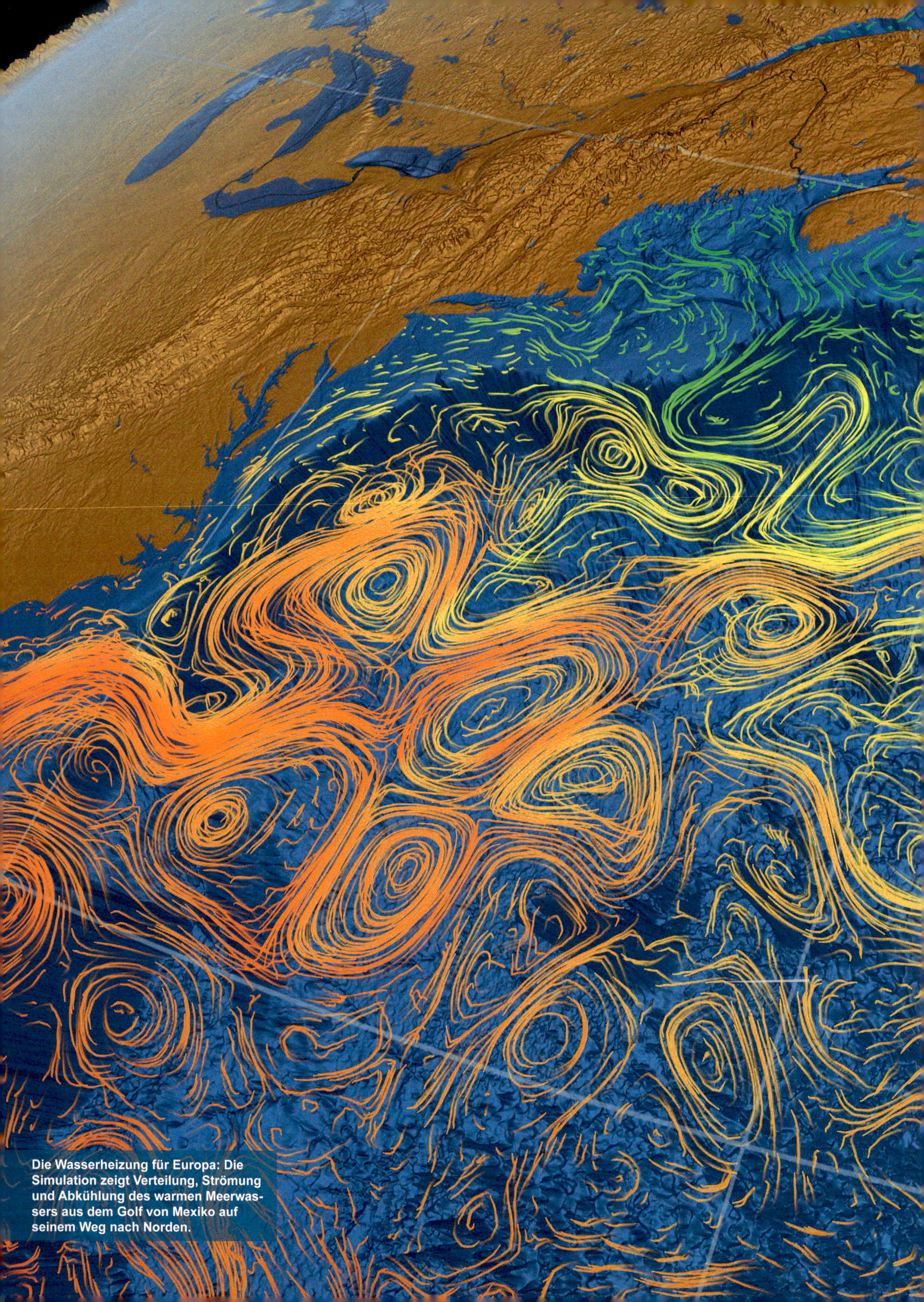

Die Wasserheizung für Europa: Die Simulation zeigt Verteilung, Strömung und Abkühlung des warmen Meerwassers aus dem Golf von Mexiko auf seinem Weg nach Norden.

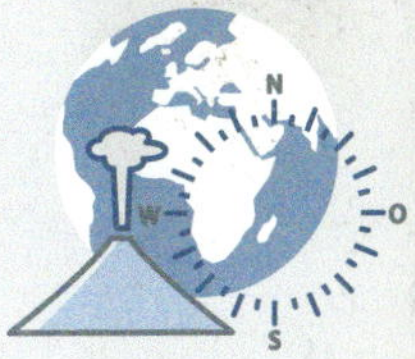

Der Golfstrom

Europa würde in Schnee und Eis versinken, wenn es ihn nicht gäbe. Wahrscheinlich wäre der alte Kontinent sogar nie zur Wiege der Zivilisation geworden. Der Golfstrom – diese mächtige Meeresströmung, die ihrer Umgebung ein mildes Klima beschert – war den Europäern unbekannt, als sie begannen, andere Länder zu entdecken, zu unterwerfen und ihre Kultur zu verbreiten. Die spanischen Konquistadoren, die sich Anfang des 16. Jahrhunderts aufmachten, das von Kolumbus entdeckte Amerika zu erobern und auszubeuten, wunderten sich nur immer wieder, wie beschwerlich die Hinreise war.

Allein der Abschnitt vom heutigen Neufundland nach Florida entlang der Küste kostete sie Wochen, weil das Meer sich ihnen wundersam entgegenstellte: „Eine Strömung, die sie nicht vorwärtskommen ließ, obwohl es den Anschein machte und sie guten Wind hatten; am Ende wurde bekannt, dass sie stärker war als der Wind", schrieb Anfang des 17. Jahrhunderts Antonio de Herrara, königlicher Historiker der spanischen Kolonien. Herrara bezog sich vor allem auf das Logbuch von Juan Ponce de León, der schon mit Kolumbus gesegelt war und am 22. April 1513 bei einer Expedition nach Florida erstmals über diese verfluchte Strömung berichtete.

Der Entdecker – war es gar nicht:

León wird heute als Entdecker des Golfstroms angesehen, dabei war es sein Navigator Antón de Alaminos, der die Strömung als solche bemerkte und sie sechs Jahre später bei einer Fahrt unter eigenem Kommando sogar gezielt nutzte: Ganze zwei Monate benötigte er, um von Amerika nach Spanien zu gelangen – für damalige Verhältnisse unglaublich schnell. Fortan taten es ihm immer mehr spanische Kapitäne gleich.

Sie mieden die Strömung auf dem Hinweg, indem sie weiter südlich fuhren, und ließen sich auf dem Rückweg von ihr tragen. So waren sie schneller als andere. Zum Teil basierte Spaniens Reichtum jener Zeit also auf dem Golfstrom – dem Transportband für all die Schätze, die es den Kolonien entriss.

Die Spanier behielten ihren Trick weitgehend für sich. Und so dauerte es noch über 250 Jahre, bis der Golfstrom genauer erforscht wurde und seinen Namen erhielt. Und zwar von keinem Geringeren als Benjamin Franklin, einem der späteren Gründerväter der Vereinigten Staaten von Amerika. In seiner damaligen Funktion als Generalpostmeister der amerikanischen Kolonien hörte er 1768 auf einer Reise nach London von Beschwerden, warum die britischen Postschiffe zu den Kolonien viel länger bräuchten als die amerikanischen Handelsschiffe. Franklin, ein naturwissenschaftlich gebildeter Staatsmann mit Erfinder- und Entdeckergeist, ging dem Rätsel nach. Sein Vetter Timothy Folger aus Nantucket, Kapitän eines Handelsschiffes und Walfänger, erzählte ihm von der Strömung und den blasierten britischen Postschiffern, die von einem Seemann der Kolonien keinen Rat annehmen wollten. Die beiden fertigten 1770 die erste Karte von der geheimnisvollen Meeresströmung an und benannten sie „Golfstrom" – nach dem Golf von Mexiko, von dem sie zu kommen schien.

Inzwischen sprechen Ozeanografen vom „Golfstrom-System": Vom Golf von Mexiko und der Meeresstraße zwischen Florida und Kuba strömt das Wasser – dort noch Floridastrom genannt – auf rund 50 Kilometer Breite mit sechs Kilometern nach Nordosten, vereinigt sich mit dem von Süden kommenden Antillenstrom und führt dann weiter von der Küste Neufundlands über den offenen Atlantik in Richtung Europa. Dabei fächert sich der Strom auf und teilt sich etwa auf halbem Weg in den Kanarenstrom, der nach Südosten abzweigt, und den Nordatlantikstrom, der weiter gen Norwegen fließt. Messungen haben ergeben, dass der Golfstrom auf der Höhe von New York rund 150 Millionen Kubikmeter Wasser pro Sekunde transportiert – mehr als hundertmal so viel wie alle Flüsse der Erde zusammen. Im weiteren Verlauf ist er bis zu 150 Kilometer breit und reicht einige Hundert Meter tief. Aufgeheizt in der Karibik, transportiert er eine Leistung von rund 1,5 Billiarden Watt – so viel wie eine Million moderne Kernkraftwerke.

1500
1512 Entdeckung des Golfstroms
1543 Das neue Bild des Himmels
1600
1700
1712 Dampfmaschine
1753 Linnés binäre Nomenklatur
1783 Heißluftballon
1800
1837 Daguerre: Fotografie
1845 Alexander von Humboldt
1859 Darwin: Entstehung der Arten
1869 Mendelejew: Periodensystem
1886 Automobil
1900
1905 Einsteins Relativitätstheorie
1915 Wegeners Kontinentaldrift
1928 Fleming entdeckt Penicillin
1938 Kernspaltung
1941 Erste Computer
1953 Menschliche Genetik
1954 Solarzelle
1961 Erster Mensch im Weltraum
1973 Entdeckung von Lucy
1977 Künstliche Befruchtung
1991 Start World Wide Web
2000
2003 Homo floriensis
2010 Neue Menschenarten

Die Sonne in der Mitte: Das Blatt aus der Harmonia Macrocosmica von 1660 belegt die Revolution des Weltbilds, die Nikolaus Kopernikus mit dem heliozentrischen Weltmodell auslöste.

Himmelsmechanik und Weltphysik

Seit der Antike dominierte das im 3. Jahrhundert v. Chr. von Aristoteles formulierte Weltbild: Demnach befindet sich die kugelförmige Erde im Mittelpunkt des Alls und wird von den himmlischen Sphären umkreist, nämlich den Wandelsternen wie Sonne und Mond, den Planeten sowie den unveränderlichen Fixsternen als äußerste Kugelschale. Naturgesetzlich sollte alles in Richtung Erdmittelpunkt streben, um dort zur Ruhe zu kommen, so die Vorstellung; im Himmel hingegen sollte alles auf ewigen Kreisbahnen laufen. Claudius Ptolemaios beschrieb in seinem Buch „Almagest" um 150 n. Chr. die Stern- und Planetenbewegungen mathematisch sehr genau. Dieses Weltbild hatte mehr als ein Jahrtausend lang Bestand, obwohl es bereits in der Antike auch andere Auffassungen gab: Aristarch von Samos spekulierte über eine Bewegung der Planeten, einschließlich der Erde, um die Sonne (Heliozentrismus); Demokrit postulierte ein unendliches Universum mit vielen Welten und ohne Zentrum, wie es dann im 15. Jahrhundert Giordano Bruno vertrat, der wegen Ketzerei im Jahr 1600 auf dem Scheiterhaufen verbrannt wurde.

Um die Bahnanomalien der Planeten eleganter zu beschreiben, erwog Nikolaus Kopernikus ab 1509 wieder den Heliozentrismus. Als Domherr zu Frauenburg in Polen wusste er, dass dies enormen Konfliktstoff mit dem geozentrischen Dogma der Kirche barg. Sein Manuskript „De revolutionibus orbium coelestium" wurde daher erst nach seinem Tod 1543 gedruckt. Weil Kopernikus von exakten Kreisbahnen ausging, stimmte sein Modell mit den Beobachtungen jedoch auch nicht besser überein als das von Ptolemäus. Eine Art Kompromiss-Modell 1587 von Tycho Brahe, der in Dänemark die besten astronomischen Messdaten der damaligen Zeit gewann, setzte sich nicht durch: Brahe zufolge sollten sich alle Planeten außer der Erde um die Sonne drehen, welche mit ihnen wie auch der Mond um die Erde kreisen würde.

Und es gab eine weitere Irritation: Dass der Sternenhimmel, von der Bewegung der Gestirne abgesehen, nicht völlig unveränderlich ist, haben Menschen zwar immer wieder beobachtet. Entscheidend für das astronomische Weltbild wurden aber erst drei Beobachtungen: So konnte Brahe mit trigonometrischen Messungen zeigen, dass der Komet von 1577 keine atmosphärische Erscheinung sein kann, jedoch auch nicht in die Sphärenharmonie der Gestirne passte. Johannes Kepler akzeptierte Kometen als Körper im Weltall, während Galileo Galilei sie noch als „Affenplaneten" verspottete. Außerdem leuchteten „neue" Sterne am Himmel auf, für ein paar Wochen sogar tagsüber. Einen beobachtete 1572 Brahe, einen weiteren 1604 Kepler. Dass es sich nicht um die Entstehung, sondern das brachiale Ende eines Sterns handelte, eine Supernova, wurde erst im 20. Jahrhundert erkannt.

Die Wissenschaft ändert das Weltbild

Im 17. Jahrhundert begann das Zeitalter der modernen Naturwissenschaft, speziell der mathematischen Beschreibung der physikalischen Welt – und eine radikale Änderung des Weltbilds. Diese Leistung basiert auf den Arbeiten von Johannes Kepler, Galileo Galilei und Isaac Newton. Besonders das Jahr 1609 markiert in der Astronomie und Physik diesen Durchbruch sowohl in empirischer als auch theoretischer Hinsicht. Bis dahin wurde in der Astronomie nicht nach Erklärungen der Erscheinungen gefragt.

Seit seiner Begegnung mit Brahe 1600 in Prag beschäftigte sich Kepler mit der Berechnung der Planetenbahnen. 1602 erfolgte der Durchbruch, 1605 hatte er bereits sein Buch „Astronomia Nova" vollendet, doch dauerte es noch vier Jahre, bis der Druck bezahlt werden konnte. Es enthielt Keplers erste zwei Planetengesetze, 1619 folgte in der Schrift „Harmonices Mundi" („Harmonie der Welt") das dritte. Die Gesetze lauten: 1. Die Planeten bewegen sich auf Ellipsen, in deren einem Brennpunkt sich die Sonne befindet. 2. Der von der Sonne zu einem Planeten gezogene „Fahrstrahl" überstreicht in gleichen Zeiten gleiche Flächen. 3. Die Quadrate der Umlaufzeiten verschiedener Planeten verhalten sich wie die Kuben der halben großen Achsen ihrer Bahnen. Diese Gesetze überwanden nicht nur den Geozentrismus und die Epizykel-Hypothese. Sie begründeten auch eine Art Himmelsphysik, obgleich Kepler über die Kräfte nur spekulieren konnte. Dass die Planeten keinen ständigen Antrieb benötigen, sondern aufgrund ihrer Massenträgheit weiterlaufen, hat Galilei 1632 erklärt. Und erst 1666 erkannte Isaac Newton, dass es dieselbe Kraft war, die auf der Erde den Apfel nicht weit vom Stamm fallen lässt: die Gravitation. Damit konnte Newton die seit Aristoteles getrennten Gesetze des Himmels und der Erde vereinheitlichen und mit seiner Theorie der Schwerkraft Planetenbewegungen, fallende Äpfel und Wurfparabeln gleichermaßen beschreiben.

Während Kepler seine „Astronomia Nova" in Händen hielt, gelang Galilei in Padua, wo er Mathematik-Professor war, ein anderer Durchbruch. Bereits 1608 wurde eine neue Erfindung vorgestellt: ein Fernrohr, das entfernte Gegenstände vergrößerte. Galilei erkannte nicht nur die Bedeutung, sondern dachte über die optischen Gesetze nach und baute weitaus bessere Versionen. Sein drittes Teleskop hatte bereits die 30fache Vergrößerung; es eröffnete ihm – und der Menschheit – eine neue Weltsicht. Damit machte er ab November 1609 seine umwälzenden Entdeckungen, die er teilweise bereits 1610 in seinem Buch „Sidereus Nuncius" publizierte.

Galilei erblickte auf dem Mond Landschaften wie auf der Erde: Berge, Täler und Ebenen. Er sah Sonnenflecken auf der Sonne. Bei der Venus erkannte er je nach Position zur Sonne Lichtphasen wie beim Mond, was auf die Bewegung unseres Nachbarplaneten um die Sonne schließen lässt. Er stellte fest, dass das nebelhafte Band der Milchstraße in Wirklichkeit aus unzähligen Sternen besteht. Und am 7. Januar 1610 entdeckte er zu seiner großen Überraschung, dass Jupiter von vier „Sternchen" umkreist wird – den später ihm zu Ehren genannten Galilei'schen Monden Io, Europa, Ganymed und Callisto. Galilei sah auch erstmals die Ringe des Saturn und 1612 den Planeten Neptun, konnte jedoch beide Beobachtungen nicht richtig deuten. Die Jupiter-Monde zeigten, dass nicht alle Himmelskörper direkt um die Erde kreisen. Galileis vehemente Argumentation für das heliozentrische Weltbild brachten ihm große Schwierigkeiten mit der Kirche ein – bis hin zu Maulkorb und Hausarrest. Nicht nur in der Astronomie, auch in der Physik erzielte Galilei große Fortschritte. Er beobachtete schwingende Pendel und machte systematische Experimente mit schiefen Ebenen, auf denen er Kugeln verschiedener Massen herabrollen ließ. Er entdeckte, dass Körper unabhängig von ihrer Masse und Zusammensetzung gleich schnell fallen wenn man von Reibungseffekten wie dem Luftwiderstand abstrahiert. Er formulierte ein Relativitätsprinzip, wonach dieselben Gesetze gelten für Systeme, die in Ruhe sind oder aber sich geradlinig und mit konstanter Geschwindigkeit bewegen, egal in welche Richtung und wie schnell.

Newton formt die einheitliche Theorie

Galilei gilt damit als Hauptbegründer der modernen Naturwissenschaft, die auf systematischen Beobachtungen und Experimenten, quantitativen Messungen, mathematischen Analysen der Messergebnisse sowie einer gesetzmäßigen Naturbeschreibung beruht. Es war Isaac Newton in England, der die diversen Einsichten in eine einheitliche Theorie integrierte und damit die entscheidende Grundlage der Klassischen Physik schuf, einschließlich des Relativitäts- und Trägheitsprinzips, der Bewegungsgesetze und des Gravitationsgesetzes. Außerdem leistete Newton auch mathematische Pionierarbeit. So begründete er die Infinitesimalrechnung, die er für seine physikalischen Beschreibungen benötigte, und lieferte wichtige Beiträge zur Algebra. In seiner Schrift „Opticks" veröffentlichte Newton 1704 auch Überlegungen zur Theorie des Lichts. Mit Prisma-Experimenten erklärte er den Regenbogen. Er argumentierte für eine Teilchentheorie des Lichts und gegen die unter anderem von Christiaan Huygens (ab 1678) verfochtene Wellentheorie. Außerdem postulierte er 1675 einen mechanischen Äther als Medium der Lichtübertragung. 1672 erfand er das Spiegelteleskop.

Nach Vorarbeiten in seiner Schrift „De Motu Corporum" von 1684 publizierte Newton 1687 sein epochales Werk „Philosophiae Naturalis Principia Mathematica" („Mathematische Prinzipien der Naturphilosophie"). Darin formulierte er seine drei Grundgesetze der Bewegung, die zusammen mit dem Gravitationsgesetz den Kern der Klassischen Physik ausmachen.

Sie beschreiben die Beziehung zwischen Körpern mit Masse und Impuls und den darauf wirkenden Kräften sowie den daraus resultierenden Bewegungen. Vereinfacht ausgedrückt lauten die Gesetze: 1. Ein Körper bleibt in Ruhe oder bewegt sich geradlinig und gleichförmig, also mit konstanter Geschwindigkeit, wenn keine äußeren Kräfte wirken. 2. Eine Bewegungsänderung ist proportional zur einwirkenden Kraft und entspricht deren Richtung; Kraft ist also gleich Masse mal Beschleunigung. 3. Eine Kraft von einem Körper auf einen zweiten geht mit einer gleich großen, entgegen gerichteten Kraft von dem zweiten auf den ersten einher. Als Zusatz beschrieb Newton das oft als viertes Gesetz bezeichnete Superpositionsprinzip der Mechanik: Wirken auf einen starren Körper mehrere Kräfte, so addieren sich diese vektoriell zu einer resultierenden Kraft.

Newton erkannte auch, dass Massen aufeinander einwirken mit einer anziehenden Gravitationskraft F, die entlang der Verbindungslinie der Massenmittelpunkte gerichtet ist und sich in ihrer Stärke proportional zum Produkt der beiden Massen m_1 und m_2 sowie umgekehrt proportional zum Quadrat ihres Abstands r verhalten. Die Gravitationskonstante G haben erst 1873 Alfred Cornu und Jean-Baptistin Baille explizit eingeführt, zuvor wurden nur die Proportionalitäten verwendet. Henry Cavendish gelang es 1797 mit einer empfindlichen Drehwaage erstmals, die wechselseitige Anziehung zweier Körper bekannter Masse zu messen und so Newtons Gravitationsgesetz experimentell zu bestätigen.

Es ermöglichte eine viel präzisere Berechnung der Planeten-Positionen als zuvor. Die mit den Modellen von Ptolemäus oder Kopernikus vorhergesagten Himmelsorte wichen von den Beobachtungen oft um 10 Bogenminuten ab, also um rund ein Drittel des Monddurchmessers; auch Keplers Gesetze führten noch zu Ungenauigkeiten in der Größenordnung einer Bogenminute. Überdies zeigte Newton, dass sich Himmelskörper nicht nur auf ellipsenförmigen Bahnen bewegen können, sondern auch auf Parabeln und Hyperbeln.

1705 berechnete Edmond Halley in Oxford, dass der 1682 beobachtete Komet auf einer stark elliptischen Bahn durchs Sonnensystem zieht. Drei frühere Kometen-Erscheinungen von 1456, 1531 und 1607 identifizierte Halley als dasselbe Objekt und sagte dessen Wiederkehr für das Jahr 1758 voraus – die tatsächlich eintrat. Das bedeutete einen großen Triumph für Newtons Gravitationstheorie. Ähnlich auch die Voraussage eines achten Planeten 1846 durch den Mathematiker Urbain Le Verrier, Direktor des Observatoire de Paris. Er berechnete die Position aufgrund schon länger bekannter Bahnstörungen des Planeten Uranus und bat Johann Gottfried Galle, Observator an der Berliner Sternwarte, danach zu suchen. Der fand den später Neptun genannten Planeten tatsächlich rasch – nur etwa ein Grad von der vorhergesagten Stelle am Himmel entfernt.

Warum Einstein Newton ablöst

Allerdings kam Newtons Theorie im 20. Jahrhundert an seine Grenzen. Das zeigte sich zuerst daran, dass sie die gemessene Drehung des inneren Bahnpunkts (Perihel) von Merkur nicht vollständig erklären kann – 43 Bogensekunden pro Jahrhundert sind nur im Rahmen der Allgemeinen Relativitätstheorie verständlich. Im Gegensatz zu dieser sagt Newtons Gravitationsgesetz außerdem bloß die Hälfte der Lichtablenkung im Gravitationsfeld voraus.

Newtons Gesetze gelten strenggenommen nur für idealisierte Punktmassen und kleine Geschwindigkeiten und können als Spezialfall der Relativitäts- und Quantentheorien aufgefasst werden. Sie setzen einen absoluten Raum und eine absolute Zeit voraus sowie instantane Fernwirkungen. Dies wird in der Speziellen Relativitätstheorie überwunden, der zufolge es nur relative, also bezugssystemabhängige Raum- und Zeit-Abstände gibt und Kräfte maximal mit Lichtgeschwindigkeit übertragen werden. Innerhalb ihrer Gültigkeitsgrenzen erlaubt die Klassische Physik aber exzellente effektive Beschreibungen und verifizierbare Vorhersagen. So werden beispielsweise die Gezeiten verständlich, die Eigenschaften der Mondbahn und die Bahnstörungen von Planeten aufgrund ihrer wechselseitigen Beeinflussungen. Allerdings kann die schon von Newton vermutete Äquivalenz von träger und schwerer Masse erst im Rahmen der Allgemeinen Relativitätstheorie erklärt werden, die auch starke und zeitabhängige Gravitationsfelder zu beschreiben vermag, bei denen Newtons Gravitationsgesetz nicht ausreicht.

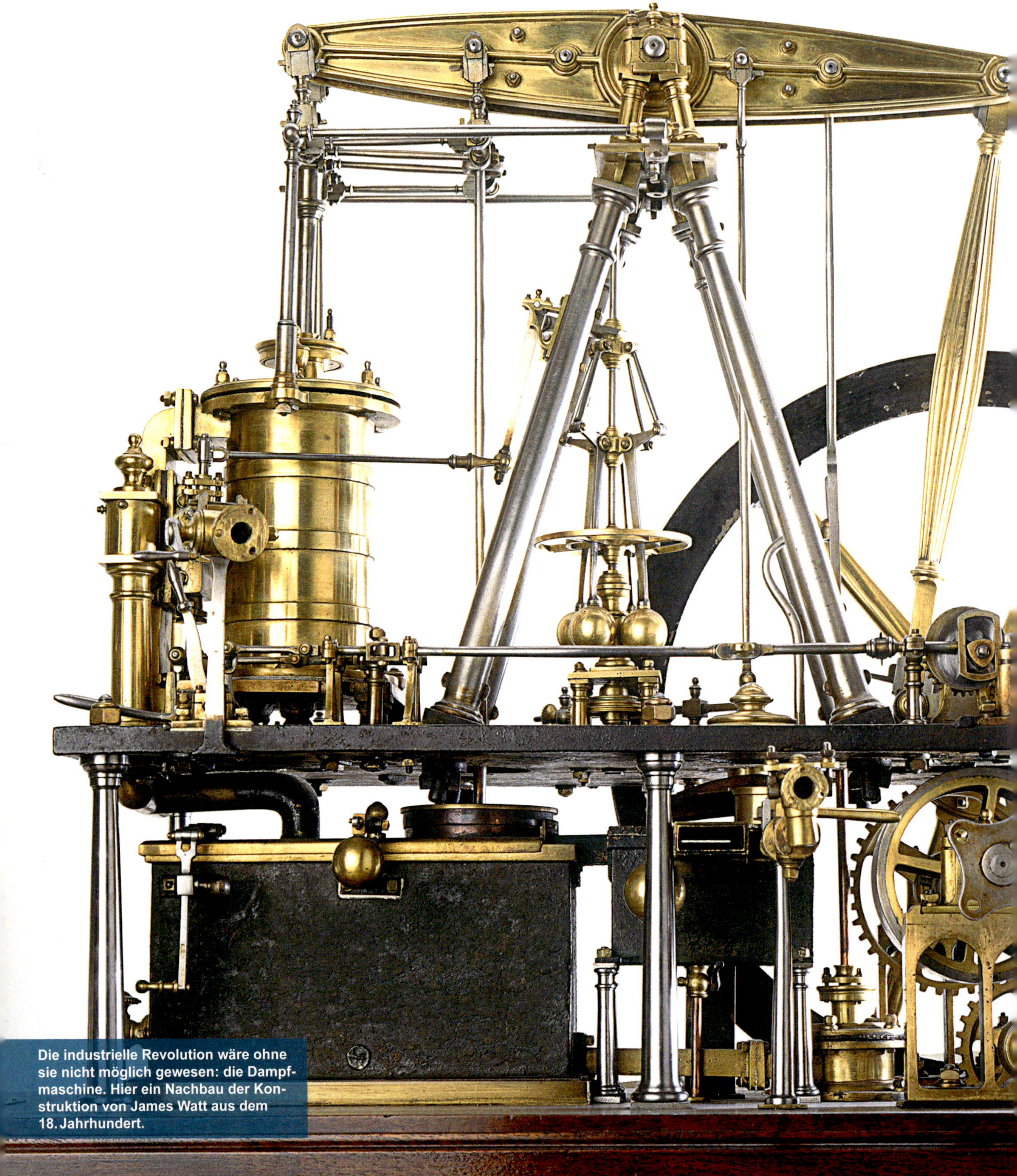

Die industrielle Revolution wäre ohne sie nicht möglich gewesen: die Dampfmaschine. Hier ein Nachbau der Konstruktion von James Watt aus dem 18. Jahrhundert.

Die Erfindung der Dampfmaschine

Ein englischer Eisenwarenhändler setzte die Weltgeschichte unter Hochdruck – zwar nur mit heißer Luft, aber sehr folgenreich: Thomas Newcomen veränderte mit seiner Dampfmaschine 1712 das Leben der Gesellschaft. Newcomen gilt deshalb auch als Vater der Industriellen Revolution. Seine neue Technik verhalf zu ungeahnter Mobilität und legte den Grundstein für unsere Globalisierung. Dass seine „luftige“ Erfindung solche Konsequenzen haben würde, ahnte Newcomen damals nicht, denn sonst hätte er seine Dampfmaschine sicherlich zügiger auf den Markt gebracht. Angeblich soll er über zehn Jahre daran getüftelt haben. Belege dafür gibt es keine, hingegen ist die erste Installation seiner Dampfmaschine 1712 in der Grube von Staffordshire in England überliefert. Als Motor der Industriellen Revolution bestimmt die Dampfkraft gut 200 Jahre lang die Geschichte, lässt Postkutschen und Segelboote verschwinden und ebnet Eisenbahnen und Dampfschiffen den Weg. Anfangs nur in England eingesetzt, erkennen bald auch Europa und die USA die Vorteile der Dampfmaschine und nutzen sie: Überall im Land entstehen Fabriken. Endlich ist man bei der Standortwahl nicht mehr auf Flüsse angewiesen – bisher brauchte man Wasserräder, um Maschinen anzutreiben.

Die Antike weist den Weg

Die Idee war nicht neu: So nutzte bereits in der Antike der griechische Mathematiker Heron von Alexandria die Ausdehnung von Wasser aus, um eine erste einfache Dampfmaschine zu entwerfen – es blieb aber nur bei dem Konzept. Für deutlich mehr Dampf sorgt da Ende des 17. Jahrhunderts der französische Mathematiker Denis Papin: Als er seinen neu entwickelten Dampfkochtopf samt Sicherheitsventil der Londoner Gelehrtengesellschaft Royal Society vorführt, fliegt ihm der Topf um die Ohren. Immerhin werden nach dem Papinschen Prinzip gebaute Maschinen im Bergbau eingesetzt. Der englische Ingenieur Thomas Savery konstruiert 1698 eine Dampfpumpe, die eindringendes Grundwasser aus Bergwerken abzieht. Doch die Praxistauglichkeit der Savery-Maschinen wird durch den immensen Brennstoffverbrauch stark eingeschränkt.

Erst Thomas Newcomen gelingt der Durchbruch: Mit seiner atmosphärischen Dampfmaschine ist es möglich, die Grundwassermassen aus den Tiefen der Stollen zu pumpen. Was bis dahin mehrere hundert Ponys unter erbärmlichen Bedingungen mit ihrer Muskelkraft erledigten, schafft nun die Dampfmaschine. Obwohl Newcomens Pumpen wirtschaftlicher arbeiten als alle Vorgängermodelle, krankt die Dampfmaschine noch immer an hohem Energieverbrauch bei geringer Leistungsausbeute. Der Wirkungsgrad liegt bei 0,5 Prozent. Es ist der Schotte James Watt, der in einer Mechanikerwerkstatt der Universität Glasgow Verbesserungen austüftelt und damit den Weg für die Massenproduktion ebnet. In Schulbüchern heißt es immer wieder, er sei der Erfinder der Dampfmaschine – ein Irrtum. Watt verbesserte lediglich die Newcomen-Maschine, als er 1764 den Auftrag erhielt, ein solches Modell zu reparieren. Er erkannte, dass die Dampfkondensation im Zylinder Energieverluste verursachte und suchte nach einer Alternative: der Kondensator ist Watts wesentliche Erfindung. Das energiefressende Aufheizen und Abkühlen des Zylinders entfiel, da die Kondensation in einem vom Zylinder getrennten Gefäß stattfinden konnte, das immer gekühlt war. Dieser technische Kunstgriff reduziert die Dampfverluste, verbessert die Vakuumbedingungen und vermindert den Brennstoffbedarf bei höherer Leistung. Für diese erste Niederdruck-Dampfmaschine erhält Watt am 5. Januar 1769 ein Patent. 1774 gründen er und der Birminghamer Fabrikant Matthew Boulton in Soho bei Birmingham die erste Dampfmaschinenfabrik der Welt.

Doch die Mühlen des technischen Fortschritts mahlen langsam: Selbst nach der Einführung der neuen Dampfmaschinen bleiben Newcomens Maschinen im Grubenbau lange in Betrieb.

Noch 1780 arbeiten von den rund 1300 Dampfmaschinen in den englischen Bergwerken 700 nach Newcomens und nur 400 nach Watts Prinzip – trotz des verbesserten Wirkungsgrads.

Ein Symbol der Archäologie: die Goldmaske des Tutanchamun. Der Archäologe Howard Carter entdeckte das Grab des früh verstorbenen Pharaos 1922 im Tal der Könige.

Archäologie: Aus Gier wird Wissenschaft

„Bei jedem meiner Schritte zertrat ich eine Mumie. Bald war ich von Beinen, Armen und Köpfen bedeckt, die auf mich herabrollten. Das Ziel meiner Suche waren Papyrusrollen, von denen ich etliche unter den Binden fand, in welche die Mumien eingewickelt waren." Nein, das ist keine Szene aus „Indiana Jones". Hier erzählt der Italiener Giovanni Battista Belzoni von einer seiner Ausgrabungen, zu denen er zwischen 1815 und 1819 das Land am Nil besuchte – oder sollte man sagen: heimsuchte? Große Ausgrabungen faszinieren die Öffentlichkeit seit jeher. Doch es hat lange gedauert, bis wirklich Archäologen am Werk waren – und nicht nur Schatzjäger.

Belzoni, ein muskelbepackter Zwei-Meter-Mann, hatte sich bereits als Jahrmarkts-Gewichtheber und Ingenieur betätigt, bevor er sich vom britischen Generalkonsul in Ägypten als Beschaffer von wertvollen Altertümern anheuern ließ. Das British Museum in London und der Louvre in Paris wetteiferten damals miteinander, wer die tollsten Preziosen präsentieren konnte. Belzoni grub sich quer durch Theben, Abu Simbel und Luxor und organisierte Transporte, um lukrative Objekte nach London zu schaffen, beispielsweise den sechs Tonnen schweren Kopf einer Statue von Pharao Ramses II.

Gewichtheber und Ausgräber

Der „Pionier der Ägyptologie" – so wird der Italiener tatsächlich in der Literatur gehandelt – war allerdings nicht viel skrupelloser als die anderen Raubgräber. Sein härtester Konkurrent vor Ort war Bernardino Drovetti, französischer Konsul in Ägypten. In seinen Erinnerungen beschreibt Belzoni, wie er einen auf der oberägyptischen Insel Philae raubgegrabenen riesigen Obelisken nilabwärts verschiffte – und plötzlich etwa 30 mit Stöcken bewaffnete Araber unter Führung von Drovettis Gefolgsleuten Rosignano und Lebulo auf ihn zustürmten: „Rosignano richtete ein doppelläufiges Gewehr auf meine Brust … Lebulo sagte, Drovetti habe ihm bereits ein Drittel vom Verkaufspreis des Obelisken versprochen. Und nun hätte ich ihn gestohlen!" Nach heftigem Wortwechsel trennte man sich – unter Gentlemen – ohne Blutvergießen.

Und doch waren „Ägyptologen" wie Belzoni und Drovetti wahre Waisenknaben, vergleicht man deren punktuelle Räubereien mit der flächendeckenden Plünderung ganz Zyperns durch den Italo-Amerikaner Luigi Palma di Cesnola und seinen Bruder Alessandro in den Jahren 1866 bis 1876. Beide hatten erkannt, welche Unsummen am Kunstmarkt mit antiken Objekten zu erzielen waren. Ohne jegliche wissenschaftliche Dokumentation durchpflügten sie systematisch 16 historische zypriotische Ruinenstädte, 15 Tempel und 65 Totenstädte. Die Beute umfasste 35 573 Einzelobjekte, die die Cesnolas weltweit den Meistbietenden anboten. Das beste Gebot kam vom Metropolitan Museum of Art in New York.

Die Museen hatten Hochkonjunktur. Überall, wo es ein Bildungsbürgertum gab, strömten die Besucher in Massen. Denn seit Edward Bulwer-Lyttons Bestseller „Die letzten Tage von Pompeji", erschienen 1834, begeisterte sich die breite Öffentlichkeit für Kunstschätze und Zeugnisse des klassischen Altertums.

Kaum eine andere Grabungsstätte bot der Fantasie so viel Raum wie Pompeji samt seinen Nachbarorten Herculaneum und Stabiae. Der katastrophale Vesuv-Ausbruch 79 n. Chr. hatte die römischen Provinzstädte mit meterdicken Asche- und Schlammschichten zugedeckt und perfekt konserviert – sogar Menschen in der Stunde ihres Todes, als mit Gips ausgießbare Hohlformen im Bimsstein.

Während des Mittelalters war Pompeji komplett in Vergessenheit geraten. 1711 stieß ein Bauer aus dem Dorf Resina am Fuß des Vesuvs beim Ausschachten eines Brunnens auf Marmorfragmente. Ein französischer Adliger kaufte das Gelände und ließ vom Brunnenschacht aus Stollen vortreiben. Schöne Marmorstatuen kamen ans Licht. 1739 stießen Ausgräber auf erste Häuser von Herculaneum mit wundervollen Wandmalereien – die schönsten brach man heraus und brachte sie in die Villa des Königs beider Sizilien nach Portici. 1748 begann der spanische Ingenieuroffizier Roque de Alcubierre, den nahen Civi-

1500
1512 Entdeckung des Golfstroms
1543 Das neue Bild des Himmels
1600
1700
1712 Dampfmaschine
1738 Erste große Ausgrabungen
1753 Linnés binäre Nomenklatur
1783 Heißluftballon
1800
1837 Daguerre: Fotografie
1845 Alexander von Humboldt
1859 Darwin: Entstehung der Arten
1869 Mendelejew: Periodensystem
1886 Automobil
1900
1905 Einsteins Relativitätstheorie
1915 Wegeners Kontinentaldrift
1928 Fleming entdeckt Penicillin
1938 Kernspaltung
1941 Erste Computer
1953 Menschliche Genetik
1954 Solarzelle
1961 Erster Mensch im Weltraum
1973 Entdeckung von Lucy
1977 Künstliche Befruchtung
1991 Start World Wide Web
2000
2003 Homo floriensis
2010 Neue Menschenarten

ta-Hügel aufzuwühlen. Nun traten die ersten Häuser von Pompeji mit Mosaikfußböden und Fresken zutage, Schmuck und Münzen waren willkommene Funde. Eine antike Bronze-Quadriga wurde als weniger hübsch erachtet, daher komplett eingeschmolzen und zu Kerzenleuchtern, einer Pferde- und einer Madonnenstatue verarbeitet. All dies war rücksichtslose Schatzgräberei. Das fand auch der deutsche Altertumswissenschaftler Johann Joachim Winckelmann und verfasste 1764 einen Brandbrief, in dem er die Zustände geißelte. Seine Philippika erregte Aufsehen, die Raubgräberei in Pompeji stoppte.

1799 begannen französische Forscher mit der ersten planvollen Grabungskampagne in Pompeji und Herculaneum – es war das Geburtsjahr der modernen Archäologie: Ausgegrabenes wurde erstmals genau dokumentiert, vermessen, in Pläne eingetragen, danach gesichert. So konnten die Besucher des frühen 19. Jahrhunderts bereits durch wohlerhaltene Straßenzüge, Wohnblocks („insulae"), Bordelle und Tempel Pompejis spazieren.

Pompeji als Experimentierfeld

Heute droht der touristische Besuchermagnet Pompeji ein zweites Mal unterzugehen. Fresken und Mosaiken zerbröckeln unter dem Einfluss von Sonne, Wind und Regen. Einige Mauern sind bereits eingestürzt. Die Restaurateure tüfteln an Rettungsplänen. So bleibt diese antike Stadt das große Experimentierfeld der Archäologie. Hier hat diese Wissenschaft ihre Flegeljahre der Raub- und Schatzgräberei überwunden. Erwachsen werden, in puncto Einsicht und wissenschaftlicher Seriosität, musste auch Heinrich Schliemann. Sein Name ist untrennbar verbunden mit der Ausgrabung eines mythischen Ortes an der Nordwestecke Anatoliens: Troja.

Homers Epos „Ilias" rund um einen sagenhaften Trojanischen Krieg hatte diesen Namen schon seit der Renaissance ins Bewusstsein der Europäer gebrannt. Doch hatte es diese Stadt wirklich gegeben? Schliemann, Sprachgenie und Selfmademan aus Mecklenburg, hielt Homers Verse für pure historische Wahrheit und war besessen von der Idee, Troja zu finden – mit Spaten und Kelle. Diese Unternehmung begann er 1870 mit einer archäologischen Todsünde: dem „Schliemann-Graben", wie er heute noch heißt.

48 Meter lang, 48 Meter breit und bis zu 17 Meter tief klafft diese Schneise heute noch in der Westseite des Hügels von Hisarlık. Hier musste Troja liegen, hatte ein altertumsbegeisterter Brite namens Frank Calvert Schliemann überzeugt – der die Idee später für sich reklamierte. Der Macher Schliemann fackelte nicht lange. Mit bis zu 160 Arbeitern fräste er sich in den Siedlungshügel, bis auf den Felsgrund – es war wie ein Schnitt in eine überdimensionale Schichttorte mit neun Haupt- und vielen Unterschichten.

Eine zerstörerische Aktion – sein Antrieb dabei war der schon manische Wunsch, zu beweisen, dass Hisarlık gleich Troja war. Schliemann wollte dabei archäologisch vorgehen, durch eine penible Dokumentation der stratigraphischen Schichten und deren Datierung anhand von charakteristischen Fundobjekten. Insofern handelte er als Wissenschaftler. Doch seine Voreingenommenheit war ihm im Wege.

Daher lag immer wieder kräftig daneben. In den mächtigen Mauern der zweituntersten Siedlungsschicht („Troja II"), mit einer drei Meter dicken Brandschicht darüber, glaubte er den Schauplatz der homerischen Ilias gefunden zu haben. Doch später wurde klar: Der geschilderte Kampf um Troja sollte zwischen 1220 und 1180 v. Chr. stattgefunden haben, was der Schicht „Troja VIIa" entsprechen würde. „Troja II" hingegen war zwischen 2500 und 2300 v. Chr. besiedelt – viel zu früh.

1873 sah der Meister des Wunschdenkens unterhalb der Befestigungsmauer von Troja II etwas blinken. Er stocherte den Hortfund persönlich aus der Wand. Es waren 8831 Objekte aus Kupfer, Bronze und Gold, darunter zwei Diademe und ein Stirnband. Das musste der Schatz des Priamos sein, des trojanischen Königs aus der Ilias, war Schliemann felsenfest überzeugt. Auch dies ein Irrtum – das wurde ihm jedoch erst um 1890 klar.

Was Schliemann von den Raubgräbern alten Schlages klar unterschied: Sein Ziel war es nicht, sich mit Gold oder Kunstschätzen persönlich zu bereichern. Reich war er selber, nach heutigen Maßstäben Multimillionär. Er brannte für eine Idee – insofern war er ein Kind der deutschen Romantik.

Zwei Jahrzehnte später wünschte sich der orientbegeisterte deutsche Kaiser Wilhelm II. dringend Funde von Weltgeltung für seine Berliner Museen.

Die schickten 1899 einen Bauhistoriker namens Robert Koldewey in den heutigen Irak. Sein Auftrag: finde Babylon! Schon zwei Wochen nach Grabungsbeginn war die Mission erfüllt: Der Leiter der deutschen Grabungsexpedition hatte die Reste von Babylons Stadtmauer aus dem 7. vorchristlichen Jahrhundert entdeckt.

Weitere 18 Jahre lang blieb Koldewey in den Ruinen der antiken Metropole im Zweistromland, die mit 850 Hektar ummauerter Fläche wohl die größte Stadt ihrer Zeit war. Zum Glück – angesichts der Zerstörungen späterer Irakkriege – dokumentierte, zeichnete und kommentierte er damals genau, was er an Bauwerken vorfand. Seine musealen Auftraggeber in Berlin murrten, denn sie warteten auf attraktive Objekte für ihre Vitrinen. 1912 indes verstummte ihre Kritik: Koldewey hatte die Fundamente des einst 90 Meter hohen, in der Bibel erwähnten „Turms von Babel" identifiziert. Und zuvor schon unzählige Ziegel des einst farbeprächtigen Ischtar-Tors freigelegt, das später im Berliner Pergamonmuseum aus Originalteilen wieder aufgerichtet wurde.

1917 endete Robert Koldeweys Mission abrupt. Es war Erster Weltkrieg, und britische Truppen besetzten das bislang osmanisch regierte Zweistromland. Der deutsche Archäologe trat eilig den Heimweg nach Berlin an. Und es ist einer der kleinen Scherze, die sich die Weltgeschichte ab und an leistet, dass just im selben Jahr der britische Archäologe Howard Carter am Westufer des Nils nahe Theben mit seiner Grabung begann – deren Ergebnis sensationeller sein sollte als alle anderen jener Epoche: das Grab des Pharaos Tutanchamun.

Vermutlich im Jahr 1332 v. Chr. wurde der etwa achtjährige Sohn des Echnaton zum Pharao Tutanchamun gekrönt. Schon mit 18 Jahren starb er. Howard Carter, gesponsort von dem Ägyptologie-besessenen Lord Carnarvon, hatte es sich in den Kopf gesetzt, das unentdeckte Grab des jungen Herrschers zu finden.

1917 also begann Carter mit seiner 100-köpfigen Grabungsmannschaft im bereits massiv durchwühlten Tal der Könige bei Theben mit der Suche. Unmittelbar vor dem Zugang des Grabes von Ramses VI. stieß er auf die Reste altägyptischer Arbeiterhütten, mied diese Stelle und versuchte sein Glück anderswo im abgesteckten Grabungsareal. Nach fünf Jahren war er immer noch erfolglos, und Lord Carnarvon gingen allmählich sowohl das Geld als auch die Geduld aus. Noch eine einzige Grabungssaison, im Winter 1922/1923, gestand der adelige Gönner dem Archäologen zu. Carter sah nur eine letzte Chance: Er ließ jetzt die antiken Arbeiterhütten abtragen und auch unter ihnen sondieren.

„Wundervolle Dinge!"

Der Rest ist Geschichte. Eine in den Fels gehauene Treppenstufe kam zum Vorschein, es folgten weitere, die in die Tiefe führten. Auf dem verschlossenen Einstiegsloch zur Grabkammer prangte das Siegel der Verwaltung des Königsfriedhofs aus dem 14. Jahrhundert v. Chr.: die erste versiegelte Grabkammer, die jemals im Tal der Könige entdeckt worden war. Der vor Glück betäubte Carter telegrafierte seinem Gönner nach England, der reiste schleunigst an.

Am 24. November 1924 entzifferten Carter und Carnarvon vor einer vermauerten Tür zwei Siegel mit dem Königsnamen Tutanchamun. Jetzt wussten sie sich am Ziel. Die Arbeiter legten die Tür frei. Der dahinterliegende Gang war bis oben hin mit Schutt gefüllt, um Grabräuber fernzuhalten. Als er freigeräumt war, stand Carter vor einer zweiten Tür. Nachdem sie oben mit einer Eisenstange durchstoßen war, leuchtete der Brite in die Kammer und spähte hinein.

Es war mucksmäuschenstill in diesem Moment. Die Mitglieder des Teams im Gang hinter ihm schwiegen, bis schließlich Lord Carnarvon es nicht mehr aushielt und fragte: „Können Sie etwas sehen?" Immer noch fassungslos staunend, geblendet vom Glanz vergoldeten Mobiliars, von Truhen, Vasen und Statuen, flüsterte Carter: „Ja, wundervolle Dinge."

Dabei war dies erst die Vorkammer. Der eigentliche Grabraum mit insgesamt acht ineinander verschachtelten Sarkophagen machte das Wunder vollkommen. Die äußeren waren vergoldet, der innerste bestand aus reinem massivem Gold. In ihm ruhte der Körper des einbalsamierten Pharaos, mit der wohl berühmtesten Goldmaske der Welt, die sein Gesicht und den Oberkörper bedeckt. Grabschatz und Maske sind noch heute die Top-Attraktionen im Ägyptischen Museum in Kairo – und die beste internationale Werbung für die erwachsen gewordene Wissenschaft Archäologie.

„Gott schuf, Linné ordnete“: Übersicht über das Linné'sche Pflanzensystem nach Klassen und Ordnungen – hier abgebildet in einem Atlas der Naturgeschichte aus dem Jahr 1861.

Carl von Linné – Nomenklatur

Wissenschaft erfordert Disziplin und Ordnung. Das wurde im Zeitalter der Aufklärung immer deutlicher. Denn nachdem um 1550 die ersten gedruckten Werke über Pflanzen und Tiere erschienen und etwa ab 1670 immer mehr empirische biologische Studien verfasst worden waren, ging im Laufe des 18. Jahrhunderts die Zahl der bekannten Arten in die Tausende. Und so willkürlich, wie man sie bis dahin benannte, wurde die Biologie allmählich ziemlich unübersichtlich.

Wissenschaft ohne Ordnung? Das geht nicht

Die Nomenklatur folgte noch der Methode aus Aristoteles' Zeiten: Auf einen lateinischen Gattungsnamen – Latein war die internationale Sprache der Gelehrten – folgten mitunter zahlreiche Begriffe, um die Eigenarten der Art zu beschreiben. Die Tomate zum Beispiel hieß *Solanum caule inerme herbaceo, foliis pinnatis incisis, racemis simplicibus* – übersetzt etwa „Nachtschattengewächs mit glattem, krautigem Stamm, eingeschnittenen, gefiederten Blättern und einfachem Blütenstand". Wobei in verschiedenen Ländern oft verschiedene Umschreibungen üblich waren – manchmal sogar mehrere in einem Land. Ein heilloses Durcheinander drohte.

Doch dann kam der schwedische Mediziner und Botaniker Carl Nilsson Linnaeus, der 1756 für seine Verdienste in den Adelsstand erhoben wurde und fortan den Namen Carl von Linné trug. „Gott schuf, Linné ordnete", beschrieb der eitle Forscher seine eigene Rolle. Mit seinen enzyklopädischen Werken „Species Plantarum" von 1753 und vor allem der „Systema Naturae" (prägend war die 10. Auflage von 1758) führte er eine neue Nomenklatur ein, die so einfach und sinnvoll war, dass sie mit leichten Verbesserungen bis heute Bestand hat: Der wissenschaftliche Name eines Tieres oder einer Pflanze besteht seither aus zwei Teilen: Gattung und Art. Die Tomate heißt einfach *Solanum lycopersicum* – und fertig.

Zwar dauerte es noch knapp weitere 100 Jahre, bis sich alle Länder der Welt im „Strickland Code" darauf einigen konnten, das gleiche Namensdoppel für jedes Lebewesen zu verwenden, nämlich jenes, das der Erstbeschreiber einer Art festgelegt hat. Aber das Prinzip blieb erhalten.

Linné hat mit der binären Nomenklatur die Grundlage für die moderne Taxonomie geschaffen. Erst sie macht einen vernünftigen internationalen Diskurs möglich.

Der Schwede wurde sehr schnell berühmt, seine Vorlesungen wurden förmlich überrannt. Von einigen Zeitgenossen wurde der Sohn eines Pastors aber auch kritisiert, insbesondere wegen seiner sexuellen Anspielungen in der Namensgebung und der Beschreibung pflanzlicher Anatomie. Der Stinkmorchel etwa gab Linné den Namen *Phallus impudicus*, also etwa „unzüchtiger Penis". Die Reproduktion der Pflanzen beschrieb Linné manchmal mit damals unsittlich anmutenden Analogien zur menschlichen Sexualität. „Die ewigen Hochzeiten, die man nicht los wird, wobei die Monogamie, auf welche Sitte, Gesetz und Religion gegründet sind, ganz in vage Lüsternheit sich auflöst, bleiben dem reinen Menschensinn unerträglich", echauffierte sich zum Beispiel Goethe.

10 000 Arten benannte Linné selbst

Linné selbst benannte rund 10 000 Arten. Insgesamt wurden bis heute an die zwei Millionen beschrieben. Wobei die Namensgebung mitunter auch weiterhin kuriose Blüten treibt. So heißt ein kleiner Schmetterling zum Beispiel *La cerveza*, also „Das Bier" auf Spanisch.

Vom Schwammkugelkäfer der Gattung *Agathidium* gibt es die Arten *bushi*, *cheneyi* und *rumsfeldi* nach den Protagonisten der ehemaligen US-Regierung sowie die Art *vaderi*, deren Kopfform in der Tat an den Helm des Bösewichts Darth Vader aus „Krieg der Sterne" erinnert.

Und in Anlehnung an das berühmte Filmzitat aus Casablanca „Here's looking at you, kid" (in der deutschen Version: „Ich seh Dir in die Augen, Kleines") nannte 1993 ein Forscher eine Spezies aus der Familie der Brackwespen *Heerz lukenatcha*.

Der Mensch lernt fliegen: Aufstieg einer Montgolfière mit sieben Personen an Bord – unter anderem dem Erfinder selbst – bei Lyon am 19. Januar 1784. Kolorierter Kupferstich aus demselben Jahr.

Der Traum vom Fliegen

Eigentlich hatten die Brüder Joseph Michel Montgolfier und Jacques Étienne Montgolfier mit dem Fliegen nichts zu tun. Die beiden Männer aus dem französischen Städtchen Annonay bei Lyon waren erfolgreiche Papierfabrikanten. Sie hatten mit der Erfindung von Transparentpapier einen Kassenschlager auf den Markt gebracht. Nebenbei aber interessierten sie sich für die Wissenschaft. 1766 hatte der englische Chemiker Lord Henry Cavendish ein „künstliches" Gas beschrieben, das um ein Vielfaches leichter als Luft sei – den Wasserstoff. Die Berichte darüber machten die Montgolfiers neugierig. Sie fingen an, mit Wasserstoff zu experimentieren, das Gas in kleine Papiersäckchen zu füllen und diese in ihrer Werkstatt aufsteigen zu lassen. Da der Wasserstoff relativ schnell aus der Papierhülle entwich, fielen die Säckchen rasch wieder zu Boden.

Vom Wasserstoff inspiriert, machte Joseph eines Abends, als er am Kamin saß, eine interessante Entdeckung: Die heiße Luft, die vom Feuer aufstieg, blähte ein Hemd auf. Joseph folgerte, dass es der Qualm sei, der dem Hemd Auftrieb verlieh. Und so begann er, vor seinem Haus feuchtes Heu und Wolle zu verbrennen, damit es schön qualmte. Papiersäcke, die er über das Feuer hielt, stiegen auf. Die Brüder waren aus dem Häuschen. Sie konstruierten immer größere Säcke, die sie mit dünner Leinwand bespannten, um die Konstruktion robuster zu machen.

Am 4. Juni 1783 führen sie ihr Experiment zum ersten Mal der Bevölkerung von Annonay vor: Dabei steigt der mehrere Meter große Ballon etwa 1000 Meter auf. Die Zuschauer sind begeistert. Schnell verbreitet sich die Nachricht von der Fahrt der ersten „Montgolfière". Kurz darauf lädt König Ludwig XVI. persönlich die beiden Erfinder zu einer Vorführung nach Paris ein. Die Brüder zögern nicht. Sie reisen in die Metropole und bauen dort aus Tapeten einen noch stattlicheren Ballon. Sie überlegen sogar, erstmals Passagiere mitfliegen zu lassen. Doch für die Premiere vor dem Monarchen ist ihnen das zu riskant. Zunächst sollen für die erste große Ballonfahrt Tiere einsteigen: ein Hammel, eine Ente und ein Hahn.

Am 19. September stehen Tausende Schaulustige vor dem Schloss von Versailles und sehen staunend zu, wie der Ballon über einem großen Holzfeuer langsam abhebt. Die Fahrt dauert gut acht Minuten. Als die Tiere heil wieder landen, gibt der König die Erlaubnis für den ersten bemannten Flug der Menschheitsgeschichte. Er wünscht, dass zum Tode verurteilte Strafgefangene als erste Passagiere einsteigen sollen. Nach seiner Logik sei das, für den Fall dass sie abstürzten, kein allzu großer Verlust.

Bitte keinen Verbrecher im Ballon!

Doch der Vorschlag des Königs bringt den Aristokraten und angesehenen Physiker Jean-François Pilâtre de Rozier auf die Barrikaden: Auf keinen Fall sollten Schwerverbrecher den Ruhm ernten. Er schlägt sich selbst als Passagier vor. Den zweiten Platz in der kleinen Gondel unter dem 22 Meter hohen Ballon nimmt der Offizier François d'Arlandes ein – nicht zuletzt, damit die Gondel im Gleichgewicht bleibt. Unter dem Jubel der Menge hebt der Ballon ab. Er bleibt ganze 25 Minuten in der Luft und fliegt acht Kilometer weit – eine Sensation, und ein voller Erfolg für die Brüder Montgolfier.

Nur wenige Wochen später, am 1. Dezember, steigt in Paris ein weiterer Ballon auf. Er ist das Werk des Physikers Jacques Alexandre Cèsar Charles. Während die Montgolfiers das Jahr 1783 damit verbracht hatten, einen Heißluftballon zu bauen, hat Charles einen Wasserstoff-Ballon aus beschichteter Seide konstruiert. Am 1. Dezember 1783 steigt sein Ballon 3000 Meter über der Stadt an der Seine auf – sein Pech, dass er damit ein paar Wochen zu spät dran ist, denn so können die Brüder Montgolfier, den ersten bemannten Flug für sich verbuchen.

Die Episode von Jacques Alexandre Cèsar Charles und den Brüdern Montgolfier ist nur eines von vielen Beispielen dafür, wie verworren die Geschichte des Fliegens ist. Die Fliegerei ist vor allem eine Geschichte der kleinen Schritte und der vielen Misserfolge. Aus den Fehlern der einen lernten andere. Manche Maschinen fielen schon beim Jungfernflug vom Himmel. Andere hoben gar nicht erst vom Boden ab. Die Chinesen schickten schon vor rund 2000 Jahren Papierlaternen zum Himmel, die Kong-Ming-Laternen. Sie kannten das Phänomen, dass warme Luft aufsteigt, lange bevor Joseph Michel Montgolfier seinen Geistesblitz am Kamin hatte. Trotzdem ist der erste bemannte Flug der Montgolfiers ein Meilenstein der Fliegerei.

Dasselbe gilt für die Arbeiten des deutschen Luftfahrtpioniers Karl Wilhelm Otto Lilienthal. Der ist für seine Segelapparate bekannt geworden: flügelartige Gestelle, mit denen er Strecken von bis zu 250 Metern im Gleitflug zurücklegen konnte. Im Vergleich zur Montgolfière, mit der die Menschen schon 100 Jahre zuvor kilometerweit flogen, klingt das unspektakulär. Doch Lilienthals Leistung besteht in seinen theoretischen Überlegungen. Er entwickelte systematisch verschiedene Flügelprofile.

Der erste Flugzeugfabrikant der Welt

Viele von Lilienthals Zeitgenossen versuchten sich an Maschinen, die das Flattern von Vogelflügeln nachahmten. Doch Lilienthal wurde klar, dass es vom Profil eines Flügels abhängt: ob eine Flugmaschine abhebt; Gesetzmäßigkeiten, wie sie auch für den modernen Flugzeugflügel gelten. „Die Nachahmung des Segelflugs muss auch dem Menschen möglich sein, da er nur ein geschicktes Steuern erfordert, wozu die Kraft des Menschen völlig ausreicht“, schrieb er.

Nachdem Lilienthal zunächst versuchte hatte, gegen den Wind oder von einem Sprungbrett aus zu starten, verlegte er seine Flugübungen 1891 in eine Sandgrube in Drewitz bei Berlin. Mit einem Gestell aus Weidenholz und Baumwollstoff schaffte er die ersten langen Gleitstrecken. Vom Erfolg beflügelt, begann er 1894 seinen „Normalsegelapparat“ in Serie herzustellen. Zwar verkaufte er nur einige wenige Exemplare, dennoch kann man ihn als den ersten Flugzeugfabrikanten der Welt betrachten. Lilienthal starb 1896 nach einem Absturz aus etwa 15 Meter Höhe.

Nachdem Lilienthal mit der Entwicklung von Tragflächenprofilen die moderne Fliegerei vorweggenommen hatte, setzte sich zunächst eine Technologie durch, die eher der Tradition von Jacques Alexandre Cèsar Charles und der Brüder Montgolfier folgte: das Luftschiff. Der wesentliche Unterschied zu den Ballons von früher bestand darin, dass das Luftschiff einen länglichen Rumpf hatte und steuerbar war. Ende des 19. Jahrhunderts befassten sich vor allem zwei Männer mit dieser Technologie: David Schwarz aus dem damaligen Königreich Ungarn und der deutsche Ferdinand Graf von Zeppelin.

Schwarz war der erste, der ein starres Luftschiff baute. Es bestand aus dünnem Aluminium und war mit Wasserstoff gefüllt. Tragischerweise starb der ungarische Erfinder kurz vor dem Jungfernflug am 3. November 1897.

Ferdinand Graf von Zeppelin hatte sich schon Ende der 1870er-Jahre von der Idee inspirieren lassen, Post mit einem Ballon zu transportieren. Zeppelin erhielt am 13. August 1898 das Reichspatent Nummer 98580 für einen „Lenkbaren Luftzug mit mehreren hintereinander angeordneten Tragkörpern“. Dieser „Luftzug“ sollte aus mehreren Auftriebskörpern bestehen, die hintereinander in einem Aluminium-Gerippe befestigt waren. Umhüllt werden sollte die Konstruktion von einer Außenhaut. Außerdem sah das Patent vor, den Luftzug mit Höhen- und Seitenrudern zu versehen und mit Propellern anzutreiben. Die Passagiere sollten in einer Gondel an der Unterseite Platz finden.

Am 2. Juli 1900 hob der 128 Meter lange LZ 1 vor etwa 12 000 Zuschauern zu seiner Jungfernfahrt ab. Langsam schob er sich aus der Halle und glitt über den Bodensee bis zum sechs Kilometer entfernten Immenstaad. Dann aber, nach nur 18 Minuten Flug, brach die Winde des Ausgleichsgewichts, mit dem das Luftschiff aufrecht gehalten wurde. LZ 1 musste notwassern.

In den folgenden Wochen stieg LZ 1 zu zwei weiteren Fahrten auf – und blieb sogar 80 Minuten in der Luft. Doch wieder gab es technische Probleme, weshalb die Geldgeber nach dem dritten Flugversuch von dem Projekt absprangen. Ferdinand Graf von Zeppelin war gezwungen, seine Aktiengesellschaft aufzulösen und den Betrieb zu schließen – doch nur vorübergehend. Denn mit dem LZ 1 hatte er die Menschen so für die Idee des Luftschiffs begeistern können, dass sich neue Geldgeber fanden. Der König von Württemberg genehmigte sogar eine Lotterie zur Rettung des Luftschiffs. Es konnte weitergehen.

Im November 1905 starte LZ 2 zu seiner ersten Fahrt. Ihm folgten Dutzende anderer Luftschiffe und eine Ära der „Zeppeline". Der größte Triumph war die Weltreise der „Graf Zeppelin", die die Erde 1929 in nur 20 Tagen umrundete. In den 1940er-Jahren aber endete die Ära der „fliegenden Zigarren". Das Flugzeug erwies sich als schneller und robuster.

Die Zukunft gehört dem Flugzeug

Das war in der Anfangszeit des Fliegens nicht abzusehen. Zwei Männer, die sich von Lilienthals theoretischen Überlegungen hatten inspirieren lassen, waren die US-amerikanischen Mechaniker Orville und Wilbur Wright. Die beiden betrieben in den 1890er-Jahren in Dayton im Bundesstaat Ohio eine Fahrradwerkstatt.

Nach dem Absturz Lilienthals, der international für Aufsehen gesorgt hatte, begannen die Brüder Wright, sich mit dem Fliegen zu befassen. Ab 1899 tüftelten die beiden Techniker schließlich selbst an einem Flieger. Sie setzten dabei auf das Doppeldecker-Prinzip, weil dank der übereinander liegenden Tragflächen schon bei geringer Spannweite viel Auftrieb erzeugt wird. Auch war den Wrights klar, dass sie nur dann wirklich fliegen würden, wenn sich die ganze Konstruktion lenken ließe. Deshalb entwarfen sie Tragflächen, die sich ein wenig verwinden ließen. Wie mit einem Querruder konnten sie den Flieger auf diese Weise nach links und nach rechts kippen. Damit konnten sie ein Abschmieren abfangen.

Im Oktober 1900, drei Monate nach dem Jungfernflug des Luftschiffs LZ 1 über dem Bodensee, ließen die Brüder ihren Gleiter steigen. Dafür reisten sie gut 1000 Kilometer von Ohio an die US-Ostküste zu den Stränden bei Kitty Hawk. In dem kleinen Ort am Atlantik weht der Wind stramm und gleichmäßig – ideale Flugbedingungen für den Doppeldecker. Zunächst noch ohne Besatzung hob der Doppeldecker ab und stand stabil im Wind. Die beiden Konstrukteure waren ermutigt. Im Jahr darauf kehrten sie mit einer verbesserten Version nach Kitty Hawk zurück, die stabil genug war, um einen Mann zu tragen, der auf der unteren Tragfläche lag. Und tatsächlich – bei einer Brise mit einer Windgeschwindigkeit von 35 Kilometern in der Stunde schwebte der Gleiter samt Pilot über den Strand. Doch die Erfinder merkten, dass sich der Flieger trotz der verformbaren Tragflächen nur schlecht steuern ließ. Zurück in Dayton montierten sie ein Seitenruder. Der nächste Schritt war der Einbau eines Motors, den die Brüder Wright von einem Mechaniker in ihrer Werkstatt anfertigen ließen. Um zu verhindern, dass sich der Doppeldecker durch die Rotation des Propellers zur Seite dreht, bauten sie zwei gegenläufige Rotoren ein.

Der Erfinder des Segelflugs: Otto Lilienthal in einem Hängegleiter im August 1891 bei einer Flugübung vor den „Rauhen Bergen" bei Berlin. Kolorierte Fotografie.

Dann endlich: Am 17. Dezember 1903 starteten die Brüder schließlich zum Erstflug mit ihrem Motorsegler, den sie passend „Flyer" – Flieger – tauften. Alles passte – die Flugbedingungen waren so gut, dass die beiden gleich mehrere Runden drehten. Wilbur hielt an diesem Triumphtag den Rekord mit einem Flug von 59 Sekunden, bei dem er eine Strecke von 260 Metern zurücklegte. Nach und nach verbesserten die beiden ihren Flyer. Ein knappes Jahr später gelang ihnen der erste Kreisflug, bei dem sie wieder am Ausgangspunkt landeten. Und wenig später blieb der Doppeldecker erstmals länger als eine halbe Stunde in der Luft. Die Wrights zeichnete nicht nur ihr technischer Sachverstand aus, sondern auch ihr Geschäftssinn. Denn sie konnten ihre Flugapparate nicht nur in den USA, sondern auch in Europa gewinnbringend an den Mann bringen.

Damit begann der Traum vom Fliegen mit motorgetriebenen Maschinen auch auf dem alten Kontinent endgültig Wirklichkeit zu werden.

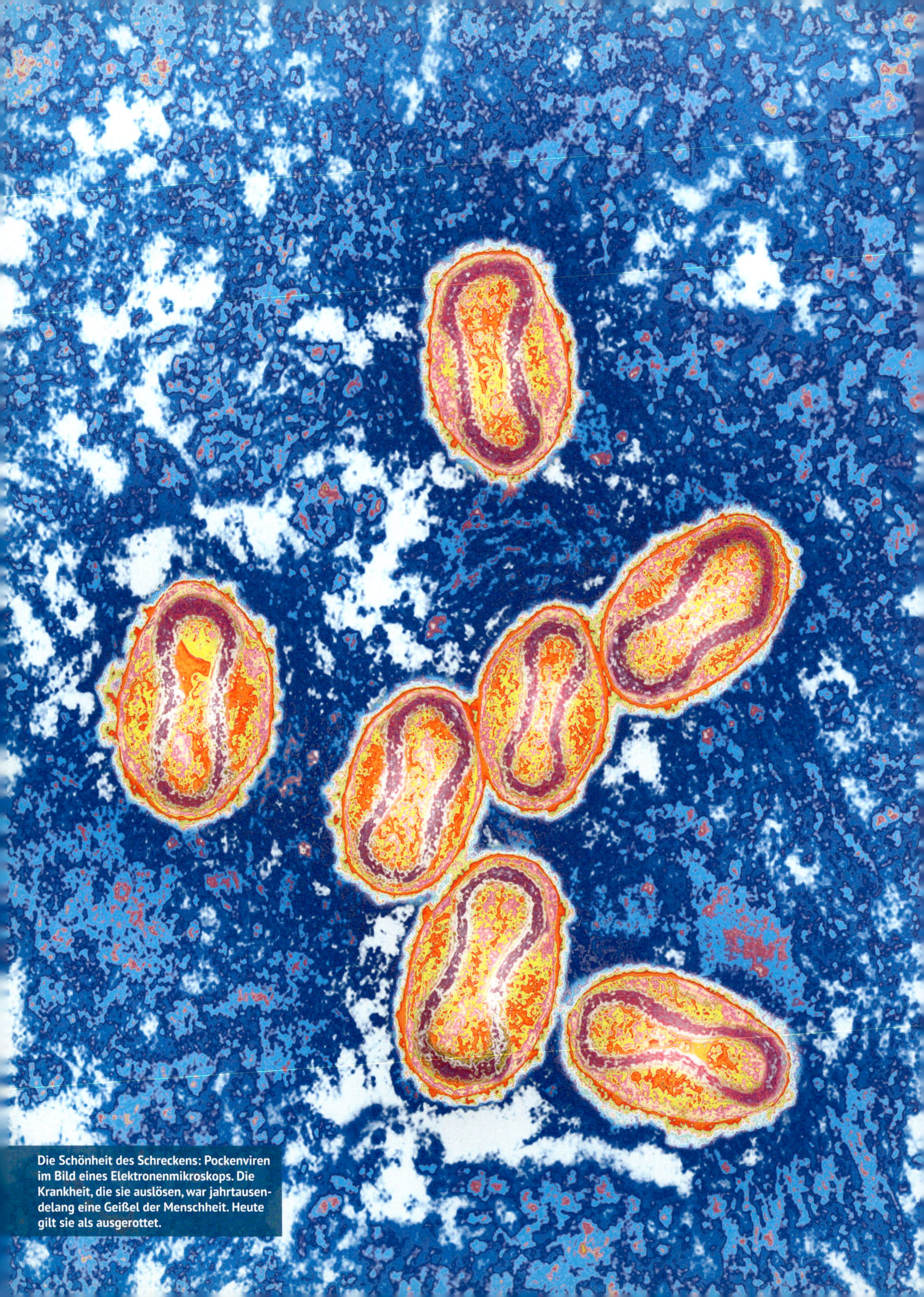

Die Schönheit des Schreckens: Pockenviren im Bild eines Elektronenmikroskops. Die Krankheit, die sie auslösen, war jahrtausendelang eine Geißel der Menschheit. Heute gilt sie als ausgerottet.

Pockenimpfung

Am 14. Mai 1796 wagte der britische Landarzt Edward Jenner ein Experiment, das heute undenkbar wäre. Er entnahm einer Melkerin, die an Kuhpocken erkrankt war, etwas Eiter aus den Bläschen auf ihrer Hand. Dann nahm er sich den Sohn seines Gärtners vor. Er ritze die Haut des Kindes am Arm leicht auf und verstrich dort den Eiter der infizierten Magd.

Es kam, wie es kommen musste: Der Junge erkrankte ebenfalls. Kuhpocken sind für den Menschen allerdings relativ harmlos. Und so bekam der achtjährige James Phipps nur etwas Fieber und einige Bläschen, die rasch wieder abheilten.

Wenige Wochen später, am 1. Juli, wurde es ernst. Diesmal setzte Jenner das Kind keinen harmlosen Kuhpocken mehr aus. Sondern er verabreichte ihm, auf gleiche Art und Weise wie zuvor, den Eiter eines schwer an echten Pocken erkrankten Menschen.

Immer wieder hatte der 47-jährige Arzt beobachtet, dass Melkerinnen zwar oft an Kuhpocken erkrankten, aber fast nie an Menschenpocken. Irgendetwas schien im Körper der Mägde vor sich zu gehen, wodurch sie gegen die gefährliche Erkrankung gefeit waren. Der Gedanke daran ließ Jenner nicht los. Und so plante er über viele Jahre hinweg ein Experiment, das eine neue Ära der Medizin einläuten sollte.

Die Pocken, auch Blattern genannt, galten zu jener Zeit als eine der schwersten Geißeln der Menschheit. Seit dem 15. Jahrhundert war die Erkrankung, die sich durch hohes Fieber und eitrige Pusteln am ganzen Körper, vor allem aber im Gesicht, bemerkbar machte, weltweit verbreitet. Epidemien rafften immer wieder unzählige Menschen dahin. Allein in Europa fielen den Pocken Jahr für Jahr fast eine halbe Million Menschen zum Opfer.

Wer das Glück hatte, die Blattern zu überleben, war für den Rest seines Lebens entstellt. Die Menschen sahen aus, als „habe der Teufel Erbsen auf ihrem Gesicht gedroschen", schrieb der Dichter Theodor Fontane im Jahr 1819. Und das war nicht einmal das Schlimmste: Viele Überlebende blieben blind, taub oder gelähmt. Der damals noch völlig unbekannte Erreger, ein hochansteckendes DNA-Virus, wurde per Tröpfcheninfektion oder Staub übertragen. Wer nur die Bettdecke eines Pockenpatienten ausschüttelte, musste damit rechnen, ebenfalls zu erkranken.

James Phipps jedoch blieb von den echten Pocken verschont. Obwohl die Erreger direkt in sein Blut gelangt waren, konnten sie dem Jungen nichts anhaben. Die überstandene Infektion mit den Kuhpocken hatte seinen Körper offenbar gegen die gefährliche Variante der Krankheit immun gemacht. Edward Jenner hatte die Schutzimpfung erfunden – ohne auch nur im Geringsten zu ahnen, wie das Immunsystem funktioniert.

Ein undenkbarer Versuch rettet Millionen

Dennoch hat sich an dem von ihm ersonnenen Prinzip bis heute praktisch nichts geändert. Bei fast jeder Impfung wird dem Körper der abgeschwächte Erreger einer gefährlichen Erkrankung verabreicht. Daraufhin produziert das Immunsystem Antikörper, die den Eindringling unschädlich machen. Kommt der Geimpfte dann irgendwann mit den echten Viren oder Bakterien in Kontakt, stellt ein Teil seiner weißen Blutkörperchen, die Gedächtniszellen, sofort neue Antikörper her. Der medizinische Fachbegriff für die Impfung, Vakzination, erinnert bis heute an den Ursprung der Schutzmaßnahme: Vacca ist das lateinische Wort für Kuh. Einzige Ausnahme von der von Jenner entwickelten Methode bilden die passiven Impfungen, bei denen man direkt Antikörper ins Blut injiziert. Schon vor den bahnbrechenden Experimenten des britischen Arztes hatten die Menschen auf ähnliche Weise versucht, sich vor den tödlichen Pocken zu schützen. Allerdings hatten sie dazu den Eiter von Infizierten genutzt, die leicht an den echten Blattern erkrankt waren. Diese Methode, Variolation genannt, endete in vielen Fällen tödlich.

Erst die Vakzination, die sich rasch auf der Welt verbreitete, führte dazu, dass Millionen Menschenleben gerettet wurden. Mit Jenners Erfindung gelang, was bis heute bei keiner anderen Infektionskrankheit wiederholt werden konnte: Am 8. Mai 1980 erklärte die WHO die Pocken für ausgerottet.

1500
1512 Entdeckung des Golfstroms
1543 Das neue Bild des Himmels
1600
1700
1712 Dampfmaschine
1753 Linnés binäre Nomenklatur
1783 Heißluftballon
1796 Jenner: Pockenimpfung
1800
1837 Daguerre: Fotografie
1845 Alexander von Humboldt
1859 Darwin: Entstehung der Arten
1869 Mendelejew: Periodensystem
1886 Automobil
1900
1905 Einsteins Relativitätstheorie
1915 Wegeners Kontinentaldrift
1928 Fleming entdeckt Penicillin
1938 Kernspaltung
1941 Erste Computer
1953 Menschliche Genetik
1954 Solarzelle
1961 Erster Mensch im Weltraum
1973 Entdeckung von Lucy
1977 Künstliche Befruchtung
1991 Start World Wide Web
2000
2003 Homo floriensis
2010 Neue Menschenarten

Der dreisprachige Übersetzer: Mit Hilfe des Steins von Rosette konnte das Sprachgenie Jean-François Champollion 1822 die ägyptischen Hieroglyphen entschlüsseln.

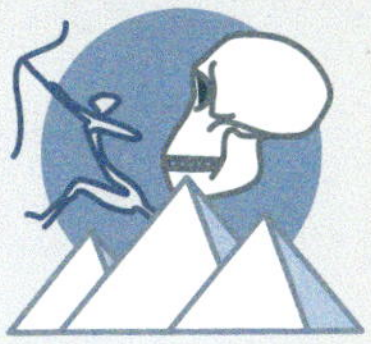

Der Stein von Rosette

Angeblich ist während Napoleons Ägypten-Feldzug das Pferd eines französischen Leutnants namens Pierre François Bouchard mit einem Huf an ihm hängengeblieben und gestrauchelt – in diesem Punkt widersprechen die Quellen einander. Unstrittig ist: Der 112 Zentimeter hohe, mit Schriftzeichen bedeckte Block, der 1799 bei der nordägyptischen Stadt Rosette entdeckt wurde, hat die moderne Ägyptologie begründet. Der Stein von Rosette ist eine „Trilingue", wie die Sprachforscher solche wissenschaftlichen Glücksfälle nennen: ein Schriftdokument, das denselben Text in drei Schriftarten beziehungsweise Sprachen enthält – eine davon sollte bekannt und lesbar sein, um das Forscherglück vollkommen zu machen.

Die eine Dreivierteltonne wiegende, an den Rändern beschädigte Platte aus grauem granitähnlichem Stein trägt im oberen Viertel 14 Zeilen in Hieroglyphen, der anno 1799 noch nicht lesbaren ägyptischen Priesterschrift. Im mittleren Abschnitt stehen 32 Zeilen in demotischer Schrift (von griechisch „demos", das Volk), einer aus den Hieroglyphen hervorgegangenen Handschrift für Verwaltungstexte und fürs Briefeschreiben – 1799 ebenfalls unentziffert. Doch darunter kommen 54 Zeilen in problemlos lesbarem Griechisch. Offenbar sollte der Inhalt, ein 196 v. Chr. verfasstes priesterliches Dekret aus der Regierungszeit des Pharao Ptolemaios V., für möglichst viele Gesellschaftsschichten des Reiches verständlich sein: für die Priester, für die niedere Beamtenschaft und auch für den Hofstaat.

Am Ende des griechischen Textes steht: „Dieses Dekret soll in eine Stele aus hartem Stein in heiligen Zeichen (gemeint sind Hieroglyphen), in volkstümlichen Zeichen (das ist die demotische Schrift) und in griechischen Buchstaben eingemeißelt ... werden." Der Stein bot also die Chance, gleich zwei altägyptische Schriften zu erschließen. Eilig erstellten Gelehrte im Gefolge der napoleonischen Truppen Abzüge mit Tinte und Papier – die Zeit drängte. In der Tat mussten die Franzosen sich 1801 britischen Truppen geschlagen geben und Ägypten verlassen. Seit 1802 steht der Stein von Rosette im British Museum in London. Doch zum Glück geriet einer der Papierabklatsche in die Hände eines jungen französischen Genies. 1790 im südfranzösischen Provinznest Figeac geboren, hatte der 13-jährige Jean-François Champollion mit dem Studium der Orientalistik begonnen, mit 18 beherrschte er acht alte Sprachen. Besonders das alte Ägypten entfachte seine Leidenschaft, der er bedingungslos folgte – mit überragenden Erfolgen: 1809 erschloss er aus dem mittleren Abschnitt des Rosette-Textes das Demotische. Mehr als ein Jahrzehnt danach stürmte er die zweite Festung – die „heiligen Zeichen".

Ein Sprachgenie als Detektiv

Die Altphilologen seiner Zeit stritten noch darüber, ob die Hieroglyphen eine reine Bilderschrift darstellten und jedes Zeichen ein Wort bedeutete, ob es eine Silbenschrift war oder ob es sich um eine phonetische Schrift handelte, in der jedes Zeichen einem Laut entspricht. Champollion stellte zunächst eine logische Überlegung an: Die griechische Version des Rosette-Textes enthielt 468 Wörter, die Hieroglyphen-Version 1419 Zeichen. Also konnten die Hieroglyphen keine reine Bilderschrift sein – dafür gab es zu viele Zeichen –, aber sie konnten auch keine reine Lautschrift sein – es wären zu wenige Zeichen. Vielleicht eine Mischform?

Im nächsten Schritt erkannte Champollion dass Hieroglyphen in einer Umrandung Eigennamen wiedergeben. Die Kartusche für den griechischen Namen „Ptolemaios" beispielsweise entzifferte er korrekt als Hieroglyphenfolge P-T-O-L-M-Y-S. Weitere Kartuschen von bekannten Herrschernamen bestätigten ihn darin, dass es sowohl Hieroglyphen für einzelne Laute und Konsonanten gab als auch Bildzeichen für Konsonantengruppen, zudem entdeckte Bedeutungszeichen, die den Sinn eines Worts wiedergaben. Weitere Aufschlüsse bekam er durch Vergleiche mit dem Koptischen. 1822 ging Champollion mit seiner Entschlüsselung der Hieroglyphen an die Öffentlichkeit – und erntete wüste Beschimpfungen. Recht behalten hat er trotzdem.

1500
1512 Entdeckung des Golfstroms
1543 Das neue Bild des Himmels
1600
1700
1712 Dampfmaschine
1753 Linnés binäre Nomenklatur
1783 Heißluftballon
1799 Fund des Rosetta-Steins
1800
1837 Daguerre: Fotografie
1845 Alexander von Humboldt
1859 Darwin: Entstehung der Arten
1869 Mendelejew: Periodensystem
1886 Automobil
1900
1905 Einsteins Relativitätstheorie
1915 Wegeners Kontinentaldrift
1928 Fleming entdeckt Penicillin
1938 Kernspaltung
1941 Erste Computer
1953 Menschliche Genetik
1954 Solarzelle
1961 Erster Mensch im Weltraum
1973 Entdeckung von Lucy
1977 Künstliche Befruchtung
1991 Start World Wide Web
2000
2003 Homo floriensis
2010 Neue Menschenarten

Das älteste Foto der Welt (Ausschnitt): Aus dem Jahr 1838 stammt diese Daguerreotypie, die den Boulevard du Temple zeigt. Erstmals sind zwei Menschen zu erkennen: ein Schuhputzer und sein Kunde.

Daguerreotypie

Bis zum 19. August 1839 waren Augenblicke vergänglich – Unglücke, Momente der Freude, kleine Episoden des Alltags. Die Zeit spülte jedes Ereignis fort. Was blieb, waren die Bilder in der Erinnerung der Menschen. Das änderte sich an jenem Augusttag, als der Physiker François Arago in Paris vor den Delegierten der Akademie der Künste und der Akademie der Wissenschaften eine neue technische Errungenschaft vorstellte, die wie eine Bombe einschlug; eine Methode, mit der sich Gegenwart einfrieren ließ, das erste praktikable Fotografieverfahren – die Daguerreotypie. Ihrem Erfinder, Louis Jacques Mandé Daguerre, war es kurz zuvor gelungen, Abbilder der Wirklichkeit auf Silberplatten zu bannen – Gesichter, Stillleben, Ansichten von Paris. Die Daguerreotypien waren von einer Klarheit, die man von Gemälden nicht kannte. Die Details so fein, dass sie sogar unter der Lupe messerscharf zu sehen waren. Formidable!

Zehn Jahre hatte Daguerre gebraucht, um so weit zu kommen. 1829 hatte er sich mit Joseph Nicéphore Niépce zusammengetan, einem Experten für Lithografie, für Drucktechnik. Niépce hatte schon einige Zeit lang mit Platten experimentiert, die er mit einer speziellen Asphaltschicht überzog und dann belichtete. Damit war Niépce zwar der erste Mensch, der ein Abbild der Welt auf eine Platte bannen konnte. Doch waren die Bilder so unscharf, dass sich kaum jemand dafür interessierte. An der Seite Niépces tüftelte Daguerre deshalb an einer anderen Methode. Daguerre wählte Kupferplatten, die mit einer hauchdünnen Silberschicht überzogen waren. Nach einer Vorbehandlung mit Jod-, Brom- oder Chlordämpfen wurden diese Silberplatten lichtempfindlich. Daguerre baute eine kleine Holzkasten-Kamera, in die er die Platten einspannte. Zunächst lag die Belichtungszeit bei etwa einer Viertelstunde, was es unmöglich machte lebende Objekte zu fotografieren.

Schritt für Schritt aber optimiert Daguerre sein Verfahren, bis die Belichtungszeit unter einer halben Minute liegt. Das ist der Durchbuch: 1838 schießt er das erste Bild der Welt, auf dem zwei Menschen relativ scharf zu erkennen sind – ein Blick aus seinem Arbeitszimmer am Boulevard du Temple mit einem Schuhputzer und dessen Kunden. Doch Ende der 1830er-Jahre ist Daguerre knapp bei Kasse. Er verkauft seine Erfindung an den französischen Staat – und enthält dafür eine Pension bis an sein Lebensende. Daguerres Ruhm tut das aber keinen Abbruch. Kurz nach der ersten öffentlichen Präsentation vor den Vertretern der Pariser Akademien durch François Arago veröffentlicht Daguerre einen Fachartikel, in dem er sein Verfahren en détail beschreibt. Frankreich stellt es der Welt zur unentgeltlichen Nutzung zur Verfügung – eine politische Geste, mit der die damals noch recht junge Republik Frankreich der Welt ihre Generosität demonstrieren will.

Ein Geschenk an die ganze Welt

Nach nur wenigen Monaten ist die Daguerreotypie weltweit ein Renner. Es sind nicht zuletzt die ersten Aktaufnahmen, die Lust auf mehr machen. Tatsächlich aber bleibt die noch junge Fotografie wohlhabenden Menschen vorbehalten. Hatte man bislang Porträts malen lassen, um der Nachwelt erhalten zu bleiben, so sind jetzt die gestochen scharfen Daguerreotypien der letzte Schrei. Und das, obwohl die Aufnahmen einen großen Nachteil haben – das störende Glänzen. Bei der Belichtung wandeln sich die Jodsilberverbindungen in elementares Silber zurück. Dieses Silber lässt man anschließend mit Quecksilberdampf reagieren. Je nachdem, wie stark ein Bildbereich belichtet ist, lagert sich mehr oder weniger Quecksilber ab, wodurch fein abgestimmte Grautöne entstehen. Doch Ende der 1850er-Jahre kommen vor allem in den USA neue Verfahren auf den Markt, die ohne Quecksilberbedampfung auskommen. Auch etablieren sich die ersten Negativ-Verfahren, bei denen man von einem Negativ beliebig viele Abzüge machen kann. Die Daguerreotypie hingegen produziert mit viel Aufwand nur Unikate. Andererseits macht das die Daguerreotypien bis heute besonders wertvoll. Auf Auktionen wurden bereits mehrere 10 000 Euro für einzelne Motive gezahlt. Insofern ist die Daguerreotypie bis heute ein Erfolg.

1500
1512 Entdeckung des Golfstroms
1543 Das neue Bild des Himmels
1600
1700
1712 Dampfmaschine
1753 Linnés binäre Nomenklatur
1783 Heißluftballon
1800
1837 Daguerre: Fotografie
1845 Alexander von Humboldt
1859 Darwin: Entstehung der Arten
1869 Mendelejew: Periodensystem
1886 Automobil
1900
1905 Einsteins Relativitätstheorie
1915 Wegeners Kontinentaldrift
1928 Fleming entdeckt Penicillin
1938 Kernspaltung
1941 Erste Computer
1953 Menschliche Genetik
1954 Solarzelle
1961 Erster Mensch im Weltraum
1973 Entdeckung von Lucy
1977 Künstliche Befruchtung
1991 Start World Wide Web
2003 Homo floriensis
2000
2010 Neue Menschenarten

Querschnitt durch einen Kontinent: Auf der Zeichnung Humboldts sind der Vulkan Chimborazo samt einer Geografie der in den Höhen angesiedelten Pflanzen zu sehen. Kupferstich von 1805.

Alexander von Humboldt

Universitäten, Schulen, Straßen, Schiffe, Meeresströme, Berge, Kakteen, Pinguine, Stinktiere – nach keinem anderen Menschen sind so viele Institutionen, Naturphänomene, Orte und Arten benannt wie nach Alexander von Humboldt. Kein Wunder, denn der nach Aristoteles wohl berühmteste Universalgelehrte der Welt hat in fast allen Wissenschaftsdisziplinen wichtige Beiträge geleistet – ob Kartografie oder Botanik, Astronomie oder Vulkanologie, Wetterforschung oder Ökonomie. „Wohin man auch rührt, er ist überall zu Hause", schrieb sein Zeitgenosse Goethe.

Eigentlich hatte er Staatswirtschaftslehre studiert und als Bergbauingenieur gearbeitet. Doch als seine wohlhabende Mutter dem 26-Jährigen 1796 ein Vermögen vermachte, investierte Humboldt es in die Erforschung der Erde. Nach drei Jahren Planung begab der Berliner sich 1799 auf eine Reise nach Amerika, die fünf Jahre dauern sollte. Er erforschte quasi alles, was ihm über den Weg lief: Mit rund 50 damals hochmodernen Instrumenten protokollierte er Erdbeben und Meteoritenschauer, untersuchte die Inka-Stätten von Cajamarca, die Düngeeigenschaften von Vogelmist und die Meeresströmungen. Die Verbreitung von Pflanzen erforschte er so präzise, dass man heute die klimabedingte Höhenverschiebung der Vegetation an seinen Daten ablesen kann.

Indem er sie mit einer Piroge befuhr, wies Humboldt nach, dass Orinoco und Amazonas über einen Nebenarm miteinander verbunden sind – ein Phänomen, das bis dato bei unterschiedlichen Flusssystemen als unmöglich galt. Um den damals vermeintlich höchsten Berg der Welt zu untersuchen, den 6267 Meter hohen Vulkan Chimborazo in Ecuador, bestieg er ihn, bis ein unpassierbarer Felsspalt ihn 400 Meter unter dem Gipfel zur Rückkehr zwang. Alle anderen Schwierigkeiten konnten seinen Wissensdrang nicht aufhalten: „Wir trugen kurze Stiefel, einfache Kleidung, keine Handschuhe", schrieb er später. „Wir litten rasend unter Atemnot, und noch schlimmer quälte uns der Brechreiz. (...) Außerdem bluteten wir aus dem Zahnfleisch, aus den Lippen, das Weiß unserer Augäpfel war blutunterlaufen (...) Wir fühlten Kopfschwäche, einen dauernden, in unserer Situation sehr gefährlichen Schwindel." Vor allem wegen dieser kühnen Episode wurde Humboldt berühmt, immerhin hielt er damit 30 Jahre lang den Höhenweltrekord für Bergsteiger. Doch viel einflussreicher waren später die Erkenntnisse seiner Reise und sein Ansatz, sie disziplinübergreifend auszuwerten. 60 000 Pflanzenproben in 30 Kisten hatte er aus Südamerika mitgebracht sowie 4000 Seiten Tagebuch, eng beschrieben und mit zahlreichen Skizzen versehen. Die Auswertung der Daten dauerte, unterbrochen von einigen Reisen, den Rest seines Lebens.

Den Kosmos beschreiben

Angeregt durch den Erfolg seiner Vorträge kam Humboldt auf die Idee, daraus ein Buch zu machen. „Kosmos – Entwurf einer physischen Weltbeschreibung" nannte er sein fünfbändiges Lebenswerk, in dem er ab 1842 so gut wie alles Wissen über Himmel und Erde jener Zeit zusammenfasste. Humboldt prägte nicht nur die Geografie und Ökologie, er beeinflusste auch Spezialisten ihrer Fächer, etwa den Begründer der Evolutionstheorie Charles Darwin: „Mein ganzer Lebenslauf beruht darauf, dass ich in meiner Jugend Humboldts Reisetagebücher gelesen habe", bekannte dieser.

Insgesamt schrieb er wohl über 50 000 Briefe an gut 2500 Briefpartner rund um den Globus, darunter waren die führenden Zoologen, Botaniker, Geologen und Astronomen ihrer Zeit. Unermüdlich arbeitete er, selten schlief er mehr als vier Stunden. Bis wenige Tage vor seinem Tod im Jahr 1859 schrieb er am fünften Band seines Mammutwerks. Vollenden konnte er ihn nicht mehr: „Der Tod des großen Autors hat den Faden dieses Werkes abgeschnitten", schrieb sein Gehilfe Eduard Buschmann unter Humboldts letzten Satz. Das Schicksal passt ins wissenschaftliche Bild, das Humboldt prägte. Wissen war für ihn dynamisch, ewig gültige Antworten gab es nicht, ständig aktualisierte er daher seine Erkenntnisse. Eine Beschreibung der Welt im Ganzen konnte also ohnehin nie abgeschlossen sein.

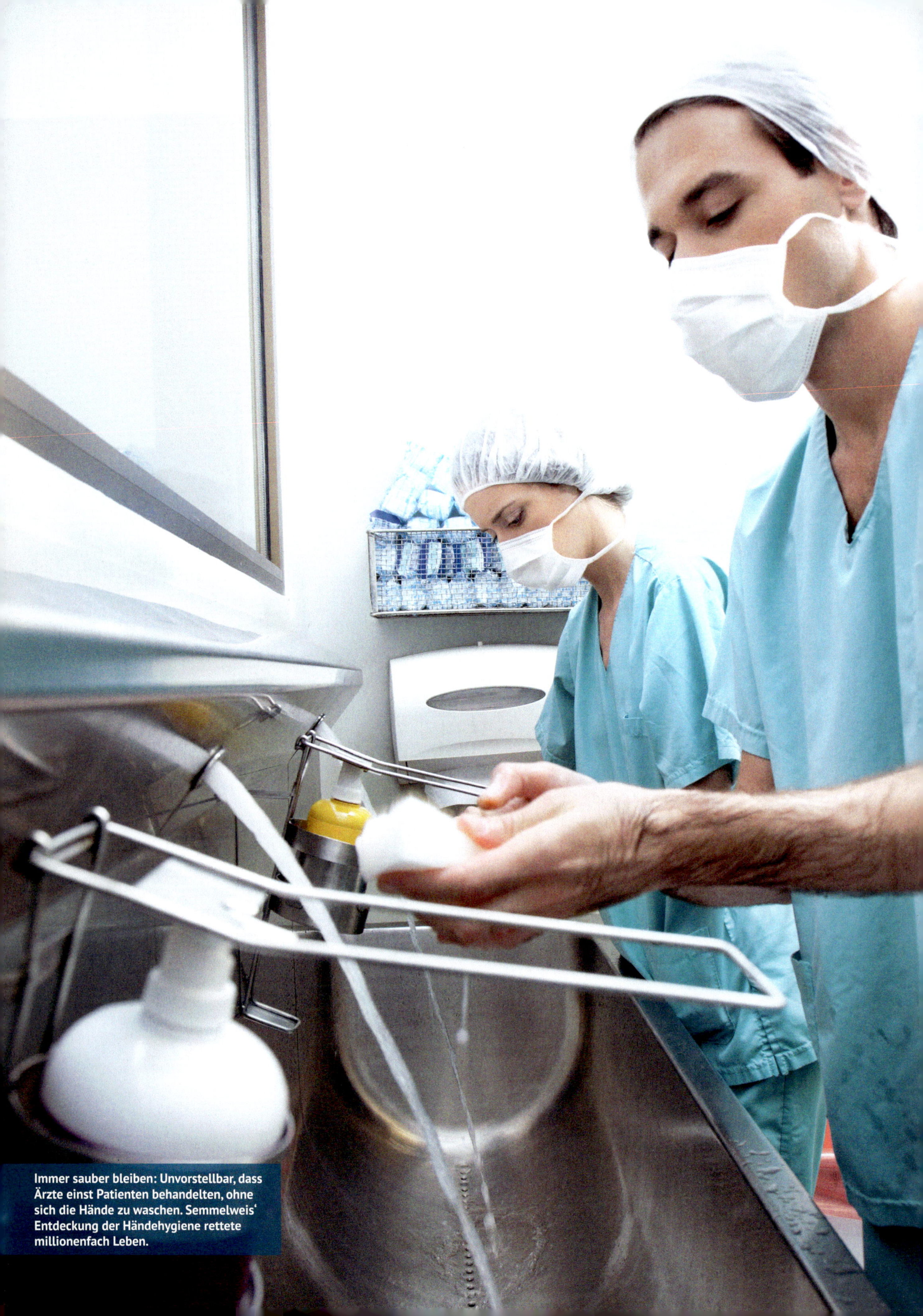

Immer sauber bleiben: Unvorstellbar, dass Ärzte einst Patienten behandelten, ohne sich die Hände zu waschen. Semmelweis' Entdeckung der Händehygiene rettete millionenfach Leben.

Die Erfindung der Handdesinfektion

Er gilt heute als Retter der Mütter. Im Jahr 1950 erschien sogar ein Kinofilm über den ungarischen Arzt, der diesen Titel trägt. Doch zu Lebzeiten wurde Ignaz Semmelweis kein Ruhm zuteil. Im Gegenteil: Seine zahlreichen Gegner verspotteten ihn, Kollegen versuchten ihn loszuwerden. Dabei hatte Semmelweis lediglich gefordert, dass sich Ärzte und Studenten die Hände desinfizieren, bevor sie eine gebärende oder frisch entbundene Mutter untersuchen.

Als Semmelweis 1846 eine Stelle als Assistenzarzt an der ersten Wiener Klinik für Geburtshilfe antrat, war die Müttersterblichkeit hoch. Etwa jede zehnte Frau verstarb in dem städtischen Krankenhaus am Kindbettfieber – einer Krankheit, die mit hohem Fieber und der Entzündung innerer Organe einhergeht. Frauen aus wohlhabenden Familien brachten ihre Kinder lieber zu Hause zur Welt. Nur ärmere Frauen, die sich keinen Arztbesuch leisten konnten, mussten ihre Kinder im Krankenhaus entbinden.

Niemand wusste, worauf die vielen Todesfälle zurückzuführen waren. Die meisten Ärzte machten kosmische oder tellurische Einflüsse, etwa die schlechte Luft, für die hohe Sterberate verantwortlich. Semmelweis wollte an diese Theorie nicht glauben. Ihm war aufgefallen, dass in der einen Abteilung seiner Klinik, in der ausschließlich Hebammen arbeiteten, deutlich weniger Mütter dem Kindbettfieber erlagen als in der anderen Abteilung, in der sich Ärzte und Medizinstudenten um die Frauen kümmerten.

Semmelweis beschloss, dem Phänomen auf den Grund zu gehen, und fing an, die Frauen genauer zu untersuchen. Mit fatalen Folgen: Die Müttersterblichkeit schoss weiter in die Höhe. Viele Frauen weigerten sich gar, in seiner Klinik zu entbinden. Sie blieben bei der Geburt allein. Erst ein trauriger Zufall brachte den ungarischen Arzt auf die richtige Spur. Im März 1847 starb ein befreundeter Kollege, Jakob Kolletschka, an einer Blutvergiftung. Wenige Tage zuvor hatte sich der Gerichtsmediziner während einer Leichensektion an einem Skalpell verletzt. Semmelweis bemerkte, das die Symptome Kolletschkas denen des Kindbettfiebers stark ähnelten.

Und er zog daraus – in einer Zeit, als niemand um die Existenz von Bakterien wusste – den richtigen Schluss: „Die unbekannte Ursache, welche so entsetzliche Verheerungen anrichtete, war demnach in den an der Hand klebenden Cadavertheilen der Untersuchenden an der ersten Gebärklinik gefunden", schrieb Semmelweis in seinen Aufzeichnungen.

Studenten und Ärzte sezierten damals täglich Leichen und gingen danach, oft mit ungewaschenen Händen, zu den Frauen, um sie zu untersuchen. Die Hebammen hingegen kamen mit Leichen nie in Kontakt, weshalb sie deutlich weniger Krankheitserreger an ihren Händen trugen. Semmelweis ordnete daraufhin das Desinfizieren der Hände mit Chlorkalk an. Die positiven Ergebnisse zeigten sich bald: In den Sommermonaten 1847 sank die Sterberate in der Wiener Geburtsklinik auf weniger als zwei Prozent.

Die Tragik: Ignoranz der Kollegen

Die Erfolge brachten Semmelweis unter den Kollegen jedoch keine Anerkennung. Die Ärzte weigerten sich zuzugeben, dass sie selbst für das Sterben der Frauen verantwortlich waren.

Es folgten Intrigen, woraufhin sich Semmelweis im Jahr 1850 frustriert in sein Heimatland zurückzog und von dort aus seine ehemaligen Kollegen in offenen Briefen als Mörder diffamierte. Auch im Umgang mit anderen Menschen wurde er zunehmend aggressiv. Im Jahr 1865 wies man den erst 47-Jährigen gegen seinen Willen in die Landesirrenanstalt Döbling ein. Dort starb er unter nie vollständig geklärten Umständen. Vieles deutet jedoch daraufhin, dass er einer Blutvergiftung erlag – jener Krankheit, die er ein Leben lang bekämpft hatte.

Anerkennung fand seine Forschung erst wenige Jahre nach seinem Tod. Im Jahr 1867 konnte der schottische Chirurg Joseph Lister zeigen, dass die Sterblichkeit im Operationssaal dramatisch sinkt, wenn man den OP-Tisch mit Karbol desinfiziert.

Erst nach dieser Entdeckung ließen sich die Ärzte zunehmend dazu herab, auch ihre Hände zwischen dem Kontakt mit Patientinnen zu reinigen.

Wie man Erdumdrehung anschaulich macht: Mit seinem Pendel im Pariser Pantheon konnte der Physiker Leon Foucault im Jahr 1851 demonstrieren, dass sich die Erde um die eigene Achse dreht.

Wie die Erdrotation sichtbar wird

Es ist die große Ausnahme, dass ein wissenschaftliches Experiment zum Titel eines literarischen Bestsellers avanciert. Doch das Foucault'sche Pendel hat es geschafft – so heißt nämlich Umberto Ecos raffinierter postmoderner Roman von 1988, in dem das französische Instrument eine wichtige Rolle spielt.

Am 3. Januar 1851 ließ der Physiker Léon Foucault im Keller seines Hauses in Paris ein zwei Meter langes kugelförmiges Pendel dicht über den Boden schwingen und zeichnete das Schwingungsmuster auf. Die Markierungen zeigten deutlich, dass die Schwingungsebene des Pendels langsam rotierte. Das konnte nicht an der Schwerkraft liegen, denn sie wirkt in Richtung Erdmittelpunkt und somit senkrecht zum Boden. Deshalb, so schloss Foucault, musste der Erdboden seine Richtung verändert haben, nicht das Pendel. Mit anderen Worten: Das Pendel hatte die Erddrehung veranschaulicht, ganz ohne dass ein Bezug zum Sternenhimmel nötig war, der scheinbar um die Erde rotiert.

Foucaults Experiment war nicht das erste dieser Art. Bereits um 1661 hatte der Physiker Vincenzo Viviani in Italien ähnliche Beobachtungen gemacht; er konnte sie damals jedoch nicht durch die Erddrehung erklären. Am 3. Februar 1851 wiederholte Foucault sein Experiment mit einem zwölf Meter langen Pendel in der Pariser Sternwarte. Am 26. März demonstrierte er den Effekt dann einer großen Öffentlichkeit – und zwar im Panthéon. Dort hatte Foucault ein 67 Meter langes Pendel aufgehängt. An der Unterseite des 60 Zentimeter großen und 28 Kilogramm schweren Pendelkörpers befand sich eine Spitze; sie zeichnete die Pendelbahn im darunter verstreuten Sand ein – eine effektvolle Vorführung. Die Drehung betrug etwa 11,3 Grad pro Stunde im Uhrzeigersinn. Foucault machte sich übrigens auch durch präzise Messungen der Lichtgeschwindigkeit einen Namen sowie durch die Entwicklung des Kreiselkompasses, eines Spiegelteleskops und einer Schreibmaschine für Blinde.

Die Rotation der Schwingungsebene des Pendels hängt vom geografischen Breitengrad ab. Am Nord- und Südpol braucht eine volle Umdrehung genau 23 Stunden, 56 Minuten und 4,091 Sekunden – also ein Sterntag. Dort dreht sich die Erde gleichsam direkt unter dem Pendel: am Nordpol im Uhrzeigersinn, am Südpol entgegengesetzt. Anderswo dauert es länger: in München zum Beispiel, am 48. Breitengrad, bereits 32,2 Stunden. Am Äquator rotiert die Schwingungsebene gar nicht, weil hier die Corioliskraft keine zur Erdoberfläche parallele Komponente besitzt

Die Erdrotation führt zur Rosettenbahn

Die Corioliskraft ist eine Trägheits- oder Scheinkraft. Durch sie wird ein bewegter Körper quer zu seiner Bewegungsrichtung abgelenkt, wenn man diese relativ zu einem rotierenden Bezugssystem beschreibt und sie nicht exakt parallel zur Rotationsachse liegt. Beschreibt man die Bewegung aus der Perspektive eines nicht rotierenden Bezugssystems, taucht sie nicht auf. Die Erdrotation wirkt also in Form der Corioliskraft auf das Pendel ein, sodass es eine Rosettenbahn zieht. Dadurch dreht sich die Schwingungsebene des Pendels langsam gegenüber dem Erdboden.

Die Corioliskraft wurde 1775 von Pierre-Simon Laplace aus Isaac Newtons Gesetzen der Mechanik hergeleitet. Benannt ist sie nach dem französischen Physiker Gaspard Gustave de Coriolis, weil er sie in einer Veröffentlichung von 1835 explizit dargestellt hat. Im Unterschied zur Zentrifugalkraft, die ebenfalls eine Scheinkraft in einem rotierenden Bezugssystem ist, wirkt die Corioliskraft nur auf Körper, die sich relativ zum rotierenden Bezugssystem bewegen – etwa in einem Karussell oder eben auf der Erdoberfläche. Man kann sie spüren, wenn man sich auf einer Drehscheibe bewegt. Deutlich wird der Einfluss der Corioliskraft bei langfristigen großräumigen Phänomenen wie den Meeresströmungen, den erdumspannenden Passatwinden sowie der Drehrichtung der Wolken um Hoch- und Tiefdruckgebiete. Die verbreitete Auffassung, dass die Corioliskraft auch die Drehrichtung des Wasserstrudels in einer Badewanne bestimmt, ist jedoch falsch.

1. Geospiza magnirostris. 2. Geospiza fortis.
3. Geospiza parvula. 4. Certhidea olivacea.

Ein Fehler mit Folgen: Charles Darwin entdeckte die Finken auf den Galapagos-Inseln. Irrtümlich ordnete er sie verschiedenen Spezies zu. Hundert Jahre später wurden die Vögel zu Kronzeugen der Evolution.

Charles Darwin – die Evolutionstheorie

Eigentlich war die HMS Beagle ein für die Vermessung der Weltmeere umgebautes Kriegsschiff, eine Zehn-Kanonen-Brigg. Doch Geschichte schreiben sollte sie stattdessen in der Biologie. Der britische Kommandant Robert FitzRoy stach 1831 in See, um die Küste Südamerikas genauer zu vermessen. Und da man über die dortige Flora und Fauna in Europa noch herzlich wenig wusste, empfahl man ihm, einen Naturforscher mitzunehmen. Die Wahl fiel auf den 22jährigen Charles Robert Darwin, der zwar Theologie studierte, aber nebenher Botanik und Geologie hörte und bei Exkursionen mit guter Beobachtungsgabe aufgefallen war.

Auf der insgesamt fünfjährigen Reise sammelte Darwin fleißig Steine, Fossilien, Pflanzen und nicht zuletzt Tiere, die er trocknete oder in Spiritus konservierte – viele davon waren der Wissenschaft noch unbekannt. Darwin war erstaunt von der Vielfalt. Insbesondere der Besuch auf den Galapagos-Inseln beeindruckte ihn nachhaltig.

Dort beobachtete er unter anderem, dass die Panzer der Riesenschildkröten auf den Inseln verschiedene Formen aufwiesen: Wo die Tiere sich von Bodenpflanzen ernährten, war er rund und nach unten gezogen. Auf trockeneren Inseln, wo sich die Schildkröten nach Grün an Bäumen und Sträuchern recken mussten, war der Panzer am Hals nach oben gebogen und gewährte so mehr Bewegungsfreiheit. Auch die Spottdrosseln fielen Darwin auf: Sie schienen mit den in Europa heimischen Arten verwandt zu sein, wiesen aber klare Unterschiede auf – und zwar auf jeder Insel andere: „Nicht nur im Federkleid, sondern auch in der Größe und der Form des Schnabels“, notierte der Forscher. Noch dazu hatten die Vögel große Ähnlichkeit mit der Spottdrossel, die Darwin zuvor in Chile gesehen hatte. Die Ursache lag nahe: Irgendwann mussten Spottdrosseln aus Chile auf die Galapagosinseln gelangt sein, um sich dort den unterschiedlichen Bedingungen auf den verschiedenen Inseln anzupassen und so zu eigenen Arten weiterzuentwickeln. Ganz ähnlich wie sich die Schildkröten an unterschiedliche Umstände angepasst hatten.

Konkrete Schlüsse zog Darwin aber erst nach seiner Rückkehr nach England, als er seine Daten aufarbeitete. Demnach waren Tierarten nicht unveränderlich und von Gott erschaffen, wie die christliche Lehre bis dahin verbreitet hatte. Stattdessen stammten sie von gemeinsamen Vorfahren ab und entwickelten Unterschiede, weil sie sich durch Variation und natürliche Selektion evolutionär an ihren Lebensraum anpassten.

Die Sprengkraft der Theorie war enorm

Darwin war sich der Sprengkraft seiner Theorie für das damals geltende Weltbild bewusst: „Es ist, als gestehe man einen Mord“, schrieb er 1844 in einem Brief. Daher scheute er sich, seine Gedanken zu veröffentlichen. Stattdessen sammelte er weitere Beweise. Doch als 1858 der Amateurwissenschaftler Alfred Russel Wallace, mit dem Darwin in Kontakt stand, das Exposee einer ähnlich lautenden Hypothese vorlegte, sah sich Darwin gezwungen, seine Evolutionstheorie bald zu veröffentlichen: Binnen 15 Monaten schrieb er die Quintessenz seiner über 25 Jahre währenden Studien zusammen und veröffentlichte 1859 sein Hauptwerk: „Über die Entstehung der Arten durch natürliche Zuchtwahl, oder die Erhaltung begünstigter Rassen im Kampf ums Dasein“.
Er vertrat zwei Hauptthesen:

1. Alle Arten sind durch Evolution aus anderen entstanden.
2. Evolution funktioniert durch natürliche Auslese.

Weil Darwin in der Zwischenzeit beachtliches Renommee als Forscher erlangt hatte, wurden seine Thesen durchaus ernst genommen und viel diskutiert. Die Erstauflage von 1250 Exemplaren war binnen eines Tages vergriffen. Aber die Akzeptanz ließ auf sich warten. Um 1880 erkannten die meisten Experten den gemeinsamen Ursprung aller Lebewesen an, nicht aber den Mechanismus per natürlicher Selektion. Als aber ab Anfang des 20. Jahrhunderts Genetik und Mikrobiologie allmählich Licht ins Dunkel der Vererbung brachten, setzte sich auch diese These Darwins endgültig durch.

Es werde Licht! Der Physiker James Clerk Maxwell war es, der im 19. Jahrhundert die gesamte theoretische Grundlage des Elektromagnetismus in vier Gleichungen zusammenfasste.

Göttliche Zeichen auf dem T-Shirt

Wenn Menschen in 10 000 Jahren auf das 19. Jahrhundert zurückblicken, dann bewundern sie vor allem die Maxwell'schen Gleichungen der Elektrodynamik und das Verständnis, das sie für das Licht gebracht haben. Das zumindest war die Auffassung des berühmten Physikers Richard Feynman. Auch wenn diese Gleichungen sicherlich nicht jedem bekannt sind, kann man immer wieder Menschen sehen, die sie auf einem T-Shirt tragen: vier Formel-Zeilen umrahmt von „Und Gott sprach … und es ward Licht". Mit Johann Wolfgang Goethe und seinem „Faust" könnte man fragen – und der Wiener Physiker Ludwig Boltzmann tat das einst auch genau so in einer Vorlesung –: „War es ein Gott, der diese Zeichen schrieb?"

Nein, es war James Clerk Maxwell. Der schottische Physiker hatte sie 1861 bis 1864 in London formuliert und – in einer heute nicht mehr üblichen Form – 1865 zusammenfassend im Band 155 der „Philosophical Transactions of the Royal Society" veröffentlicht. Darin stellte er fest: „Licht und Magnetismus sind Erregungen derselben Substanz und das Licht ist eine elektromagnetische Störung, die sich als Feld ausbreitet, und zwar nach den Gesetzen des Elektromagnetismus." Die ihm zu Ehren heute Maxwell-Gleichungen genannten Formeln beschreiben einheitlich, wie elektrische und magnetische Felder untereinander sowie mit elektrischen Ladungen und Strömen zusammenhängen, das heißt sich erzeugen, verändern oder trennen. Die Gleichungen erklären alle Phänomene der Klassischen Elektrodynamik. Sie sind daher auch die theoretische Grundlage für die Elektrotechnik und Optik.

„Wer eines dieser T-Shirts gekauft hat, die die Maxwell-Gleichungen zeigen, könnte darüber besorgt sein, dass das Kleidungsstück aus der Mode kommt, aber es wird nicht falsch", meint der berühmte amerikanische Physiker Steven Weinberg. „Wir werden die Maxwell'schen Gleichungen der Elektrodynamik lehren, so lange es Wissenschaftler gibt." Tatsächlich sind sie ein Höhepunkt der Klassischen Physik. Sie haben einen ähnlichen Stellenwert wie die Newton'schen Axiome für die Klassische Mechanik und können die meisten Erscheinungen der Elektrizität und des Magnetismus beschreiben.

„Viele Ingenieure denken mit sehr gemischten Gefühlen an die Maxwell'schen Gleichungen", kommentiert Martin Poppe, der Elektrotechnik an der Fachhochschule Münster lehrt. „Dass nur vier Gleichungen die gesamte theoretische Grundlage der Elektrotechnik bilden, weckt Bewunderung. Dass ihr Verständnis viel Mathematik erfordert, flößt Respekt ein. Aber dann ist da noch eine starke Verunsicherung, die sich in der Rückschau in einem ‚Ein Glück, dass ich damals die Klausur in Theoretischer Elektrotechnik doch noch irgendwie bestanden habe!' manifestiert." Poppe hält das für eine Folge der historischen Entwicklung: „Viele heute übliche Begriffe stammen aus dem späten 19. Jahrhundert, einer Zeit, in der Motoren und Generatoren fast für die Gesamtheit der Elektrotechnik standen. Es war eine Zeit ohne Hochfrequenzantennen, ohne optoelektronische Bauelemente und ohne Gigahertz-getaktete Prozessoren."

Klassiker der physikalischen Theorie

Die Maxwell-Gleichungen gelten allerdings nicht exakt, sondern sind eine effektive Theorie: eine klassische Näherung der Quantenelektrodynamik, die auch Quanteneffekte berücksichtigt. Außerdem kann Maxwells Theorie sehr starke elektromagnetische Effekte nicht erfassen: Sie enthält physikalisch unsinnige Singularitäten, weil die Selbstenergie des Elektrons in der punktförmigen Beschreibung unendlich wird. Daher wurden bereits 1932 und 1934 von Max Born und Leopold Infeld erweiterte nichtlineare Theorien des Elektromagnetismus formuliert (nach Vorarbeiten von Gustav Mie ab 1912). Diese Theorien sind überall regulär, enthalten keine unphysikalischen Unendlichkeiten und sagen neue Effekte voraus, die sich vielleicht bald mit Hochleistungslasern überprüfen lassen. Auch für Versuche, eine „Weltformel" zu formulieren, eine einheitliche Theorie aller Naturkräfte, findet die Born-Infeld-Theorie neuerdings wieder Beachtung.

Meisterwerke unserer Vorfahren: Vor 15 000 Jahren bemalten Menschen die Höhle von Altamira mit Tierbildern wie diesen beiden Wisenten.

Die Höhlenbilder von Altamira

Das Winseln seines Hundes zeigte dem Spaziergänger Modesto Cubillas Pérez den Weg, quer durch das Gestrüpp auf dem „Altamira“ – „Hoher Aussichtspunkt“ – so heißt ein Hügel bei der Ortschaft Santillana del Mar in der nordspanischen Provinz Kantabrien. Das Tier hatte sich beim Herumstöbern zwischen zwei großen Steinbrocken eingeklemmt. Als der Mann seinen Hund vorsichtig herauszog, sah er hinter den Steinen einen Höhleneingang.

Das war 1868. Acht Jahre später berichtete Cubillas Pérez dem naturkundlich interessierten Marcelino Sanz de Sautuola, einem Landadeligen aus der Gegend, von dem Loch im Altamira. Neugierig geworden, suchte und fand Sautuola die Spalte, beseitigte die Steinbrocken am Eingang und kletterte hinunter – ohne auf Bemerkenswertes zu stoßen. Hier hätte die Geschichte zuende sein können. 1879 kletterte er ein zweites Mal in die Altamira-Höhle und stocherte aufs Geratewohl in den Sedimenten – mit Erfolg: Werkzeuge aus Feuerstein kam ans Licht.

Jetzt hatte ihn das Jagdfieber gepackt, und bald zog es ihn wieder in das finstere Loch im Fels. Diesmal durfte seine fünfjährige Tochter Maria mit. Während der Vater im Schein der Lampe begeistert am Boden hockte und grub, hatte das Mädchen grenzenlose Langeweile. Es schaute zur Höhlendecke hoch – und rief: „Papá, bueyes!“

„Ochsen“ hatte die Kleine zu sehen geglaubt, und nun starrte auch der verblüffte Vater hoch. Tatsächlich waren es atemberaubende Darstellungen einer Gruppe von Wisenten. In strahlendem Rot und in Schwarz lagen, standen und sprangen sie an der Höhlendecke, wobei der unbekannte Künstler Buckel und Mulden im Fels geschickt für einen 3D-Effekt seiner Tierbilder genutzt hatte. Im ungewissen Licht der Lampe schienen sich die Tiere gar zu bewegen. Die Schönheit dieser Komposition aus Erdpigmenten und Ruß bezaubert bis zum heutigen Tag.

Eine naturgetreue Nachbildung der Höhle aus Pappmaché und Kunstharz, 500 Meter vom Original entfernt, lockt heute alljährlich Touristenströme an. Die echte Höhle ist für Besucher gesperrt, da die feuchtwarme Atemluft von Menschen die rund 15 000 Jahre alten Kunstwerke durch Schimmelbefall zerstören würde. Das wäre fatal – die Altamira-Höhle gehört zum Unesco-Weltkulturerbe.

Was bis hierhin nach einem großen Glücksfall klingt, hat dem Entdecker Sanz de Sautuola persönliches Unglück eingebracht. Getreulich zeichnete er die prächtigen Wisente an der Höhlendecke ab und veröffentlichte sie 1880, zusammen mit ausführlichen Beschreibungen. Die internationale Presse reagierte zunächst positiv, doch bald schlug die Stimmung um. Denn die akademischen Archäologen straften den Amateur aus der Provinz gnadenlos ab.

Die Funde wurden zuerst verkannt

Manche ignorierten Sautuolas Buch, andere schmähten die herrlichen Bilder als vulgäres Machwerk. Einige behaupteten unverblümt, die Malereien müssten Fälschungen sein: Dass urtümliche Eiszeitjäger so etwas hätten malen können, sei völlig undenkbar. Zutiefst verletzt starb Sautuola 1888.

Als etwa 20 Jahre später in Höhlen an der Dordogne in Südwestfrankreich vergleichbare Tierbilder aus der Altsteinzeit entdeckt wurden, folgte Sautuolas Rehabilitation. Der französische Archäologe Henri Breuil erwarb sich besondere Verdienste um die Altamira-Höhle: Er zeichnete über 900 Bilder ab – neben den Wisenten tummeln sich an den Wänden und Decken auch Pferde und Hirsche.

An Deutungen der Höhlenkunst herrschte nie Mangel: Jagdzauber, die Darstellung des männlichen und weiblichen Prinzips, Vehikel für schamanistische Trance-Reisen. Doch was sie für die Menschen vor 15 Jahrtausenden in Wahrheit bedeutete, wird für immer unbekannt bleiben. Eines der vielen Rätsel: Viele Bildwerke befinden sich an verborgenen Stellen der Höhlen – etwa in engen Felsspalten –, in die man kriechen muss, um sie zu sehen. Den Höhlenmalern kam es offenkundig nicht immer darauf an – falls überhaupt jemals –, dass auch andere ihr Werk betrachten konnten. Womöglich war der persönliche schöpferische Akt für sie wichtiger als das Ergebnis.

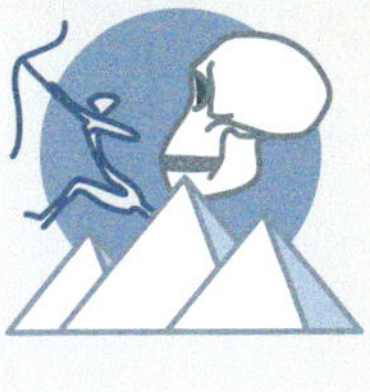

Der Durchbruch der atomistischen Weltsicht: Das Periodensystem ordnet die Elemente im Hinblick auf ihre steigende Kernladung und ihre chemischen Eigenschaften.

Vielfalt und Einfachheit: Periodensystem

Dass sich die Fülle der Erscheinungen auf wenige Grundelemente zurückführen lässt, ist ein alter philosophischer Gedanke. In „materieller" Hinsicht wurde darüber bereits vor über 2000 Jahren im alten Indien sowie in der griechischen Antike spekuliert. Leukipp und Demokrit argumentierten für die Existenz solcher einfachen, unwandelbaren „Atome"–von griechisch „atomos": unteilbar, was nicht zerschnitten werden kann. Denn eine beliebige, unendliche Teilbarkeit der Dinge müsste ins Nichts führen, Materie könnte es überhaupt nicht geben. Aufgrund religiöser Dogmatismen führte der Atomismus bis ins 17. Jahrhundert ein Nischendasein. Dann vollzog sich allmählich seine Umwandlung von der Metaphysik zur Physik und zunächst besonders zur Chemie. Das war vor allem der Verdienst von Robert Boyle und John Dalton. Ersterer erklärte chemische Reaktionen atomistisch, zweiterer verband die Lehre der chemischen Elemente von Antoine Lavoisier mit dem antiken Atomismus. Auch im mechanistischen Weltbild der Klassischen Physik wurde der Atomismus wichtig; so beschrieb Isaac Newton die Materie, als sei sie aus Massenpunkten zusammengesetzt. Nach und nach differenzierte sich der atomistische Ansatz aus und gewann eine zunehmende Erklärungskraft.

Ein Triumph hierbei war das Periodensystem der chemischen Elemente. Diese Tabelle ordnet die Elemente hinsichtlich ihrer steigenden Kernladung (Ordnungszahl) und ihrer chemischen Eigenschaften (Einteilung waagrecht in Perioden sowie senkrecht in Haupt- und Nebengruppen). Die Klassifikation haben 1869 unabhängig voneinander zwei Chemiker ausgearbeitet: zuerst Dmitri Mendelejew in Russland (dem zu Ehren das Element 101 Mendelevium genannt wurde), wenige Monate später Lothar Meyer in Deutschland. Elemente sind die Grundstoffe der chemischen Reaktionen und werden durch eine Ordnungszahl charakterisiert, die der Anzahl der Protonen in ihren Atomkernen entspricht. So besitzt Wasserstoff, das häufigste Element im Weltall (75 Prozent), ein Proton, Helium hat zwei und Lithium drei. Entsprechend viele Elektronen gibt es in der Atomhülle; daher verhalten sich Elemente einer Sorte chemisch sehr ähnlich. Man kann sie nach verschieden Kriterien klassifizieren. Häufig werden Metalle (wie Eisen, Nickel, Kupfer, Gold) von Halbmetallen (wie Arsen) unterschieden. 17 Elemente sind Nichtmetalle unter Standardbedingungen (0 Grad Celsius, 1 Bar); davon sind die sechs Edelgase einatomig (Helium, Neon, Argon, Krypton, Xenon, Radon), die anderen verbinden mehrere Atome zu Molekülen–die gasförmigen Elemente Wasserstoff, Stickstoff, Sauerstoff, Fluor und Chlor sind beispielsweise zweiatomig.

Die Moderne erklärt die antike Theorie

Erklären ließ sich die Systematik des Periodensystems erst im Rahmen der Quantentheorie durch die Elektronenkonfiguration der Atome. Dieser Erfolg begann 1913 mit dem Atommodell von Niels Bohr in Kopenhagen, das Arnold Sommerfeld an der Universität München 1915 mit der Berücksichtigung von Ellipsenbahnen und Effekten der Speziellen Relativitätstheorie weiter verfeinert hatte. Historisch war das Periodensystem für die Vorhersage, Entdeckung und Erzeugung neuer Elemente sowie deren Eigenschaften von Bedeutung; inzwischen dient es hauptsächlich der Übersicht. Von den 118 bekannten Elementen (Stand 2017) sind 80 stabil, die anderen zerfallen. 14 dieser radioaktiven Elemente kommen wie alle stabilen auf der Erde natürlich vor. Die anderen wurden durch Teilchenkollisionen künstlich erzeugt–zuletzt Element 118, das eine Halbwertszeit von nur 0,89 Tausendstel Sekunden besitzt und seit November 2016 Organesson heißt. Nicht im Periodensystem verzeichnet ist, dass alle Elemente in mehreren Varianten vorkommen, Isotope genannt. Sie besitzen zwar dieselbe Anzahl von Protonen und verhalten sich chemisch gleich, unterscheiden sich aber in der Zahl der Neutronen. Insgesamt sind etwa 3300 verschiedene Isotope bekannt, rund 250 davon sind stabil. Von den 91 natürlich vorkommenden Elementen sind 22 Reinelemente und 69 Mischelemtente aus mehreren Isotopen.

1500
1512 Entdeckung des Golfstroms
1543 Das neue Bild des Himmels
1600
1700
1712 Dampfmaschine
1753 Linnés binäre Nomenklatur
1783 Heißluftballon
1800
1837 Daguerre: Fotografie
1845 Alexander von Humboldt
1859 Darwin: Entstehung der Arten
1869 Mendelejew: Periodensystem
1886 Automobil
1900
1905 Einsteins Relativitätstheorie
1915 Wegeners Kontinentaldrift
1928 Fleming entdeckt Penicillin
1938 Kernspaltung
1941 Erste Computer
1953 Menschliche Genetik
1954 Solarzelle
1961 Erster Mensch im Weltraum
1973 Entdeckung von Lucy
1977 Künstliche Befruchtung
1991 Start World Wide Web
2000
2003 Homo floriensis
2010 Neue Menschenarten

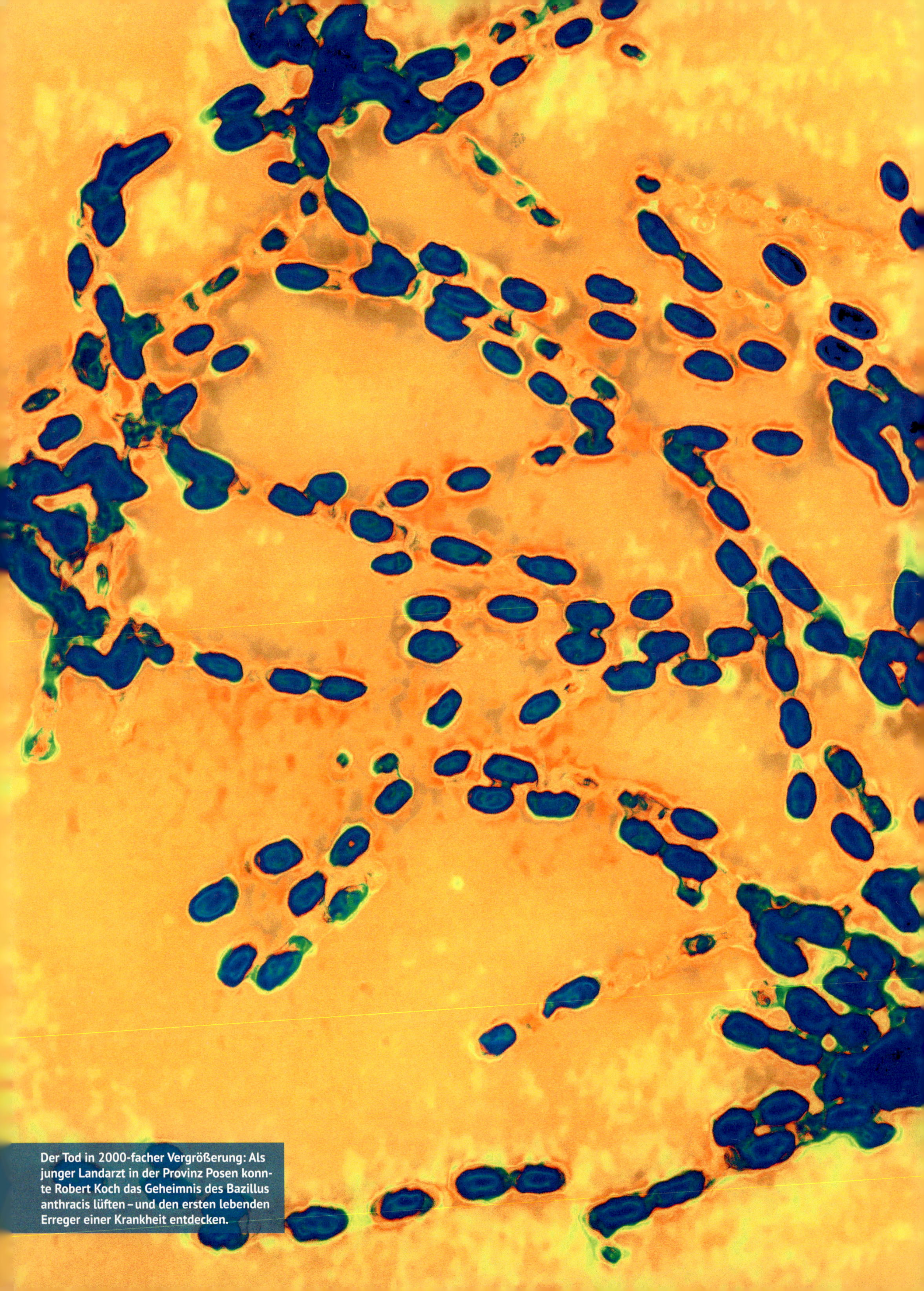

Der Tod in 2000-facher Vergrößerung: Als junger Landarzt in der Provinz Posen konnte Robert Koch das Geheimnis des Bazillus anthracis lüften – und den ersten lebenden Erreger einer Krankheit entdecken.

Koch und der Erreger des Milzbrands

Als Robert Koch sich im Jahr 1872 als Landarzt in der preußischen Provinz Posen niederließ, waren es vor allem die Bauern, die dem 28-Jährigen ihr Leid klagten. Immer wieder raffte der Milzbrand ihr Vieh dahin. Selbst auf Weiden, die sie jahrelang hatten brach liegen lassen, suchte die Seuche ihre Tiere heim. Auch für den Menschen war die Krankheit gefährlich. Innerhalb weniger Jahre waren mehrere hundert Posener am Milzbrand gestorben.

Zu diesem Zeitpunkt war bereits bekannt, dass sich im Blut des verstorbenen Viehs mikroskopisch winzige, stäbchenförmige Gebilde befinden. Niemand hielt sie jedoch für den Verursacher der Krankheit. Bakterien kannte man nicht. Vielmehr machten die Menschen Miasmen, giftige Dämpfe, die dem Erdreich entströmen, für den Milzbrand verantwortlich.

Das Leid der Bauern ließ den jungen Arzt nicht los. Und so trennte Koch einen Teil der Stube seiner Vierzimmerwohnung, die er mit seiner Frau und der kleinen Tochter bewohnte, durch einen Vorhang ab und richtete sich dort ein bescheidenes Labor ein. Wichtigstes Utensil war das Mikroskop, das ihm seine Frau Emmy zum 30. Geburtstag geschenkt hatte.

Auch Koch fand im Blut der verendeten Tiere die stäbchenförmigen Gebilde. Doch was hatten sie mit der Krankheit zu tun? Um das herauszufinden, injizierte er das Blut der Kadaver in gesunde Mäuse und Meerschweinchen. Es dauerte nicht lange, bis die Nager ebenfalls die typische Schwellung und Verfärbung der Milz zeigten und dann verstarben. Auch in ihrem Blut stieß Koch auf die winzigen Stäbchen, die er bei gesunden Tieren nie entdeckte.

Nun suchte der ambitionierte Forscher noch nach dem Beweis, dass es tatsächlich diese Gebilde waren, die den Milzbrand auslösten – und dass es sich bei ihnen um lebende Organismen handelte. Sein Plan war es, die Stäbchen zu züchten, um dann mit jenen, die noch nie mit Blut in Kontakt gekommen waren, gesunde Tiere anzustecken.

Ein geeignetes Nährmedium für seine heimische Zucht fand er im Kammerwasser von Ochsenaugen. Darin gelang es Koch, mehrere Generationen der nur etwa fünf Mikrometer langen Organismen hervorzubringen. Und er wies nach, dass er auch mit Stäbchen der zweiten und dritten Generation gesunde Tiere infizieren konnte. Nicht in seine Theorie passte die Tatsache, dass auch von brachliegenden Weiden eine Gefahr für das Vieh ausging. Doch selbst dieses Rätsel konnte Koch lösen: Entzog er seinen Versuchsorganismen den Sauerstoff, verwandelten sie sich in robuste, kugelförmige Gebilde – aus denen selbst Jahre später wieder neue Bazillen hervorgehen konnten. Sporen des Erregers, die durch infizierte Tiere in den Boden gelangt waren, überlebten dort, bis grasendes Vieh sie wieder aufnahm.

Als Robert Koch mit den Ergebnissen seiner Experimente 1876 zu einem Vortrag nach Breslau reiste, erntete er dort viel Anerkennung. Auch seine im gleichen Jahr in einem botanischen Journal erschienene Publikation erregte in der Fachwelt großes Aufsehen: Der erste lebende Erreger einer Krankheit, das *Bacillus anthracis*, war entdeckt.

Vom Landarzt zu Weltruhm

Nun ließen sich endlich Methoden ersinnen, um ansteckende Krankheiten zielgerichtet zu bekämpfen. Tatsächlich gelang es dem französischen Chemiker Louis Pasteur nur fünf Jahre später, einen Impfstoff gegen den Milzbrand zu entwickeln – dessen Wirksamkeit er in einem großangelegten, öffentlichen Schafsexperiment bewies. Ein Jahr zuvor, 1880, war Robert Koch bereits nach Berlin berufen worden, wo er die bakteriologische Abteilung des Kaiserlichen Gesundheitsamtes übernahm. Dort konnte der eben noch völlig unbekannte Landarzt unter deutlich besseren Bedingungen weiterforschen. Die Erfolge stellten sich schnell ein: 1882 entdeckte Koch den Erreger der Tuberkulose, kurz danach das Cholera-Bakterium.

Er galt jetzt endgültig als ein Wissenschaftler von Weltruhm. Am 1. Juli 1891 eröffnete Robert Koch das Königlich Preußische Institut für Infektionskrankheiten, das heutige Robert-Koch-Institut in Berlin. Dort ruht in einer kupfernen Urne noch immer seine Asche.

Ungewöhnliche Inschrift: Auf dem Wiener Zentralfriedhof schmückt die von Ludwig Boltzmann entwickelte Entropie-Formel das Grabmal des bedeutenden Physikers.

Entropie: Die Grabstein-Formel

Dass eine physikalische Formel einen Grabstein ziert, ist außergewöhnlich. Aber Ludwig Boltzmann hatte diesen Wunsch. Und so ist auf dem Wiener Zentralfriedhof die von dem Physiker entdeckte und in dieser Form von Max Planck abgeleitete Entropie-Formel zu lesen: $S = k \log W$. Boltzmann hatte nämlich 1877 erkannt, wie sich die Entropie S berechnen lässt. Diese thermodynamische Größe ist ein Maß für den Grad der Unordnung in einer großen Ansammlung von Teilchen, beispielsweise der Moleküle in einer Gas- oder Champagnerflasche. S ergibt sich aus der Boltzmann-Konstante k (eine von Planck eingeführte Naturkonstante mit dem Wert $1{,}38 \cdot 10^{-23}$ Joule pro Kelvin) multipliziert mit dem natürlichen Logarithmus der Anzahl W von Möglichkeiten, diese Teilchen anzuordnen, ohne dass sich das makroskopische Erscheinungsbild ändert. Die Formel steht im Zentrum der von Boltzmann 1872 mitbegründeten Statistischen Mechanik – damals formulierte er das sogenannte H-Theorem und die Boltzmann-Gleichung – für die auch Arbeiten von James Clerk Maxwell und Josiah Williard Gibbs wichtig waren. Tragisch ist, dass Boltzmann sich 1906 selbst getötet hat – nach schweren Depressionen, die unter anderem auch damit zusammen hingen, dass seine wissenschaftliche Leistung von Kritikern hart attackiert worden waren, weil sie die Existenz von Atomen nicht akzeptierten.

Die Statistische Mechanik ist grundlegend für die Beschreibung von Systemen mit vielen Teilchen, besonders für die Physikalische Chemie, und liefert die mikroskopische Fundierung der Thermodynamik. Diese geht auf Arbeiten von Nicolas Sadi Carnot ab 1824, Rudolf Clausius, William Thomson und anderen zurück; Ausgangspunkt waren Studien des Wirkungsgrads von Dampfmaschinen. Die Thermodynamik beschreibt den Zusammenhang von Wärme, Kräften und Arbeit sowie Zustandsgrößen wie Temperatur, Druck, Energie und Entropie.

Unabhängig von den konkreten Eigenschaften der Systeme, etwa ihrer chemischen Zusammensetzung, gelten vier Hauptsätze der Thermodynamik, die durch die Statistische Mechanik erklärt werden: Der Nullte Hauptsatz lautet: Sind zwei Systeme jeweils mit einem dritten im thermodynamischen Gleichgewicht, sind es die beiden auch untereinander. Der Erste Hauptsatz: Die innere Energie eines geschlossenen Systems kann weder erzeugt noch vernichtet werden, sie ist konstant (Energieerhaltung; formuliert 1841 von Julius Robert von Mayer, 1843 von James Prescott Joule und 1847 von Hermann von Helmholtz). Der Zweite: Die Entropie nimmt in einem geschlossenen System statistisch zu (sie markiert daher auch die Zeitrichtung); Wärme kann also nicht spontan von einer kühleren zu einer wärmeren Stelle fließen. Der Dritte: Nähert sich ein System dem Absoluten Temperatur-Nullpunkt (bei 0 Kelvin oder minus 273,15 Grad Celsius), dann hören alle Prozesse auf und die Entropie wird minimal.

Eine Formel als Erinnerung

Die Statistische Thermodynamik war maßgeblich auch für weitere wissenschaftliche Entwicklungen. So wurde in der Nichtgleichgewicht-Thermodynamik verständlich, wie Ordnung unter lokaler (!) Entropieabnahme entstehen kann, was grundlegend für Lebensprozesse ist, aber auch für Musterbildungen generell (vom Laser über chemische Oszillationen und Wolkenbildungen bis hin zu Gehirnaktivitäten, Verkehrsströmen und sozialen Revolutionen). Hierfür ist beispielsweise die von Hermann Haken in Stuttgart begründete Synergetik zuständig, die „Lehre vom Zusammenwirken". In der Quantenphysik können ultrakalte Atomverbände thermodynamisch erklärt werden (Bose-Einstein-Kondensation). Und Stephen Hawking gelang es, Thermodynamik, Quantenphysik und Allgemeine Relativitätstheorie in Verbindung zu bringen und so 1974 auf die Zerstrahlung Schwarzer Löcher zu schließen. Denn diese extrem verdichteten Ruinen ausgebrannter massereicher Sterne müssen ebenfalls eine Entropie besitzen. In Erinnerung an Boltzmann wünschte sich Hawking, dass auch auf seinem Grabstein eine Formel stehen soll – die für die Entropie Schwarzer Löcher.

KAISERLICHES PATENTAMT.

AUSGEGEBEN DEN 2 NOVEMBER 1886

PATENTSCHRIFT

— № 37435 —

KLASSE 46: LUFT- UND GASKRAFTMASCHINEN.

BENZ & CO IN MANNHEIM

Fahrzeug mit Gasmotorenbetrieb.

Patentirt im Deutschen Reiche vom 29. Januar 1886 ab.

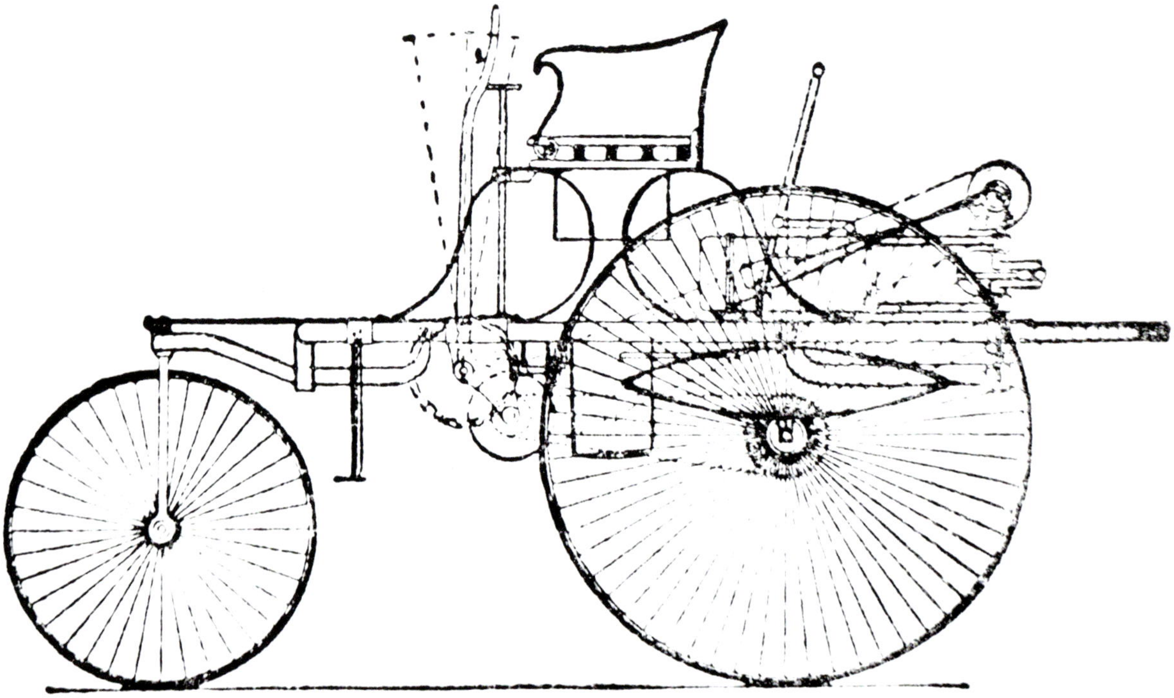

Ein Patent, das die Welt veränderte: Titelseite der Patentschrift, die der Ingenieur Karl Benz im Jahr 1886 für seinen Motorwagen erhielt. Die erste Version brachte 0,8 PS Leistung auf die Straße.

Die Erfindung des Automobils

Auf große Gegenliebe stieß der „Stinkkasten“ zunächst nicht: Als Carl Benz am 3. Juli 1886 mit dem ersten Auto der Welt über den alten Ringwall Mannheims knattert, flüchten die Menschen in Angst und Schrecken oder bleiben einfach verdutzt stehen. Schließlich kannten sie bis dahin nur die gute alte Pferdekutsche. Dass sie soeben Zeugen eines neuen Industriezeitalters geworden waren, hätten sie nicht für möglich gehalten. Benz' Sohn Eugen bringt die Erfindung des Vaters allerdings gewaltig ins Schwitzen: Der Sprössling muss mit einer Benzinflasche neben dem „Motorwagen Nummer 1“ her rennen, um den Verbrennungsmotor am Laufen zu halten. Am nächsten Tag spricht die ganze Stadt von der Erfindung des genialen Konstrukteurs.

Der hatte zuvor etliche Tage und Nächte getüftelt, um seinen Traum vom „selbstfahrenden“ Wagen zu verwirklichen. Nichts hatte er dem Zufall überlassen, jedes noch so kleine Teil durchdacht und aufeinander abgestimmt. Nur für die Lenkung war dem Ingenieur noch keine befriedigende Lösung eingefallen, sodass dieses erste Auto nur ein Vorderrad besaß und wie ein Dreirad aussah. Das kaiserliche Patentamt erteilt Benz für dieses „Fahrzeug mit Gasmotorenbetrieb“ bereits im Januar 1886 das Patent Nummer 37435 – die Geburtsurkunde des Automobils. Kaiser Wilhelm II. indes ist wenig überzeugt und beruhigt das Volk: „Ich glaube an das Pferd, das Auto ist nur eine vorübergehende Erscheinung.“ Ein riesiger Irrtum, wie sich später herausstellt.

Doch bis zum endgültigen Durchbruch des Automobils gehen noch Jahre ins Land, kaum jemand will 3000 Mark für ein Dreirad mit Klappverdeck berappen, wenn es komfortable Kutschen gibt. Doch Benz' Ehefrau Bertha glaubt an eine automobile Zukunft und verhilft ihrem Mann zu volleren Auftragsbüchern, indem sie selbst das Steuer übernimmt. Im August 1888 setzt sie sich – ohne ihren Mann einzuweihen – mit ihren 13 und 15 Jahre alten Söhnen in die Motorkutsche und tuckert als erste Autofahrerin der Welt los: von Mannheim nach Pforzheim. Getankt wird in Apotheken, wo es Wundbenzin gibt. Tatsächlich übersteht der Patent-Motorwagen Nr. 3 die erste automobile Langstreckenfahrt der Geschichte und erreicht knapp 13 Stunden später das Ziel – ein Meilenstein in der Automobilentwicklung. Heute erinnert die Bertha-Benz-Memorial-Route an diese Pionierfahrt. 1889 präsentiert Benz auf der Pariser Weltausstellung gleich mehrere Automodelle. Zugleich wittern aber auch französische Konstrukteure ihre Chancen und bringen erste Fahrzeuge auf den Markt: Der Wettlauf um die Vorherrschaft im Automobilbau beginnt. Keine 50 Jahre später sind weltweit schon 800 000 Fahrzeuge unterwegs. Heute sind es über eine Milliarde. Inzwischen trägt China zur Weltproduktion von etwa 83 Millionen Autos jährlich fast zu einem Viertel bei. Noch immer gilt das Auto als Inbegriff persönlicher Freiheit und des Wohlstands.

Daimler und Benz trafen sich nie

Dass damals, Ende des 19. Jahrhunderts, keine 100 Kilometer von Mannheim und Carl Benz entfernt – in Bad Cannstatt bei Stuttgart – ein anderer Erfinder ebenfalls am Auto tüftelt, ist schon ein seltsamer Zufall: Gottlieb Daimler zählt neben Benz zu den herausragenden Ingenieuren der Wirtschaftsgeschichte und zu den Pionieren im Automobilbau. Seine Karriere ist mit der des Ingenieurs Wilhelm Maybach verbunden, dessen Einzylinder-Viertaktmotor Gottlieb Daimler 1883 zum Patent anmeldete. 1900 bringt er den ersten Mercedes auf den Markt. Obwohl Daimler und Benz 1926 zur Daimler-Benz AG fusionieren, sind sich die beiden Erfinder und Konkurrenten nie persönlich begegnet. Auch bleibt es Daimler nicht vergönnt, die weltweite Verbreitung seiner Ideen und Visionen zu verfolgen, er stirbt bereits 1900, Carl Benz hingegen erlebt als 82-Jähriger sogar noch die Fusion. Sein Patent für den ersten Benz-Motorwagen zählt heute zum UNESCO-Weltdokumentenerbe.

Nach gut 130 Jahren Automobilgeschichte steht der nächste Umbruch bevor: Gefragt sind umweltfreundliche Antriebstechnologien, die sowohl das Auto als auch die Industrie verändern werden.

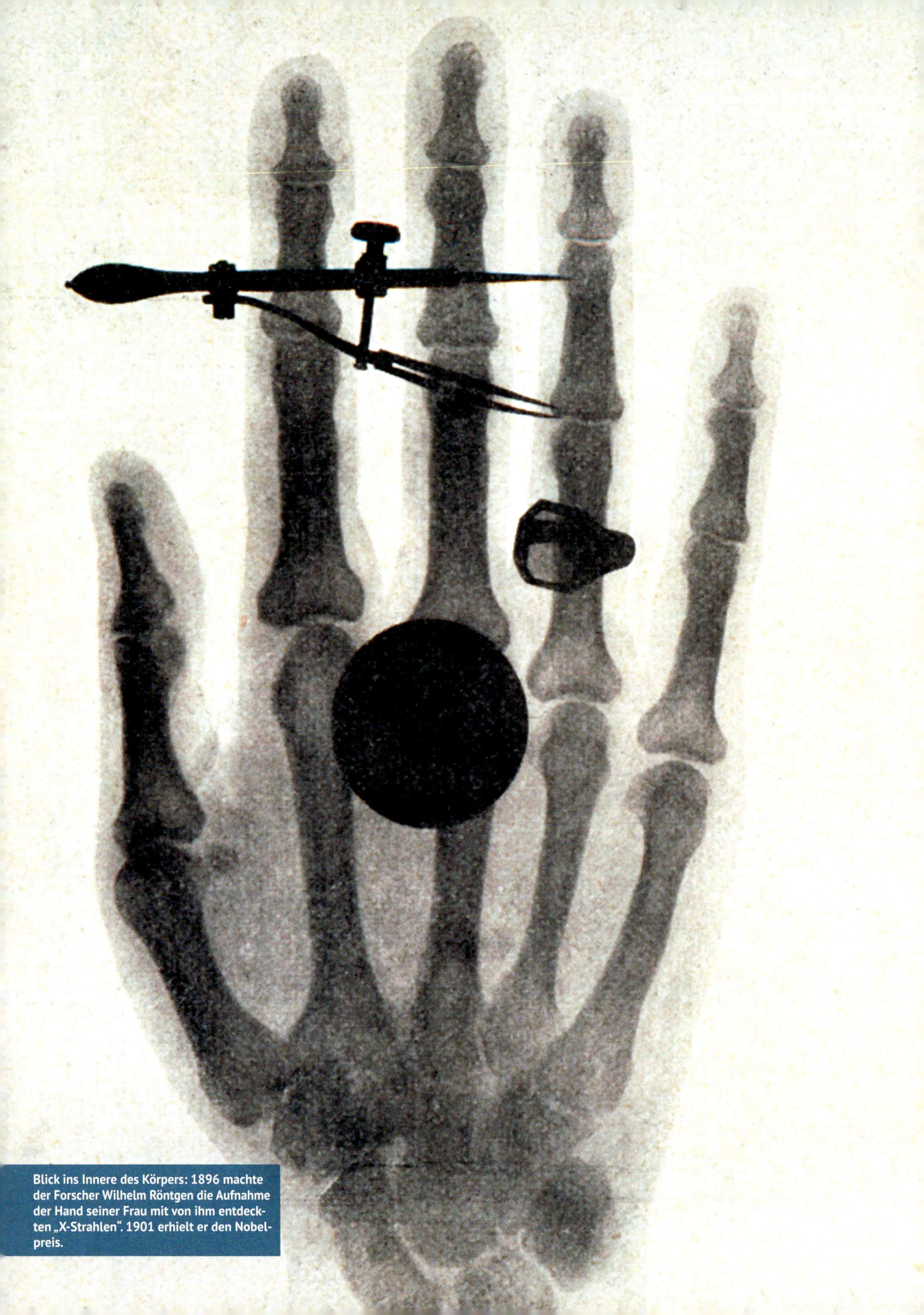

Blick ins Innere des Körpers: 1896 machte der Forscher Wilhelm Röntgen die Aufnahme der Hand seiner Frau mit von ihm entdeckten „X-Strahlen". 1901 erhielt er den Nobelpreis.

Durchblick dank hoher Energien

Es dauerte lange bis zur Erkenntnis, dass Licht wie Radio-, Mikrowellen-, Infrarot-, Ultraviolett-, Röntgen- und Gammastrahlung ein Gemisch elektromagnetischer Wellen ist, und dass sich alle diese Strahlen nur durch ihre Wellenlänge beziehungsweise Energie unterscheiden und sämtlich von Photonen übertragen werden.

Die infrarote Strahlung wurde um 1800 von Friedrich Wilhelm Herschel entdeckt, als er ein Thermometer hinter ein Prisma legte, um die Temperatur der Farben des Sonnenlichts zu messen. Ultraviolette Strahlung wies Johann Wilhelm Ritter 1801 bei Experimenten mit der Schwärzung von Silbersalzen im Sonnenlicht nach. Radiowellen erzeugte und maß erstmals Heinrich Hertz 1886, wobei er eine Voraussage der Theorie des Elektromagnetismus von James Clerk Maxwell bestätigte.

Trotzdem kam es völlig unerwartet, als Wilhelm Conrad Röntgen in Würzburg eine neue Art von Strahlung entdeckte. Der Physiker experimentierte am 8. November 1895 mit einer Kathodenstrahlröhre. Obwohl sie mit schwarzer Pappe abgedeckt war, beobachtete er, wie fluoreszenzfähige Gegenstände in der Nähe leuchteten. Röntgen war der Erste, der diesen Effekt erkannte und genauer untersuchte. William Crookes, Heinrich Hertz, Philipp Lenard, Nikola Tesla und andere hatten wenige Jahre vorher wohl auch Röntgenstrahlung erzeugt. „Eine Art von Verwandtschaft zwischen den neuen Strahlen und den Lichtstrahlen scheint zu bestehen, wenigstens deutet die Schattenbildung, die Fluorescenz und die chemische Wirkung, welche bei beiden Strahlenarten vorkommen, darauf hin", schrieb Röntgen auf der letzten Seite seines Entdeckerberichts „Über eine neue Art von Strahlen".

Bald wurde klar, dass die Strahlen – Röntgen nannte sie X-Strahlen, und im Englischen heißen sie immer noch so – Wellenlängen zwischen weniger als 1 und 250 Pikometer haben. Der Energiebereich von Gamma- und Röntgenstrahlung überschneidet sich, weil man sie nicht nur hinsichtlich ihrer Wellenlänge, sondern auch ihrer Entstehung unterscheidet: Gammastrahlen werden von Vorgängen im Atomkern produziert, Röntgenstrahlen vor allem von Elektronen. Einerseits gibt es die Bremsstrahlung mit einem kontinuierlichen Spektrum: Sie entsteht bei einer starken Beschleunigung geladener Teilchen, meistens beim Abbremsen oder Ablenken von Elektronen; dazu gehört die Synchrotronstrahlung, die in ringförmigen Teilchenbeschleunigern freigesetzt wird, in denen die negativen Partikel in einem starken Magnetfeld abgelenkt werden. Die Charakteristische Röntgenstrahlung andererseits entsteht bei energiereichen Übergängen in den Elektronenhüllen von Atomen oder Molekülen; sie weist stets ein Linienspektrum auf.

Röntgenstrahlung kann Materie durchdringen, wobei sie unterschiedlich stark reduziert wird. Diese Abschwächung erfolgt durch Photoabsorption durch Compton-Streuung (Photonen verlieren Energie) und durch Paarbildung (ein Photon wandelt sich bei Energien über ein Megaelektronenvolt in ein Elektron und ein Positron um).

Einblick in das Innere der Materie

Die Durchdringungskraft hat einen großen Nutzen. In der medizinischen Diagnostik können Knochen und innere Organe sichtbar gemacht werden; mit der Computertomografie sind auch räumliche Verhältnisse abbildbar. Ein anderes Anwendungsgebiet ist die Strukturaufklärung in der Materialphysik, Chemie und Biochemie, etwa der Analyse von Kristallen. Auch chemische Bindungen und die Element-Zusammensetzung eines Stoffs lassen sich bestimmen. Röntgenstrahlung kann biologisches Gewebe schädigen und Krebs auslösen – wird aber auch zur Bekämpfung von Tumoren eingesetzt.

Als die Firma AEG Röntgen eine kommerzielle Nutzung seiner Entdeckungen vorschlug, entgegnete er, dass sie „der Allgemeinheit gehören und nicht durch Patente, Lizenzverträge und dergleichen einzelnen Unternehmungen vorbehalten bleiben dürften". Auch ein Adelsprädikat lehnte er ab, nahm aber 1901 den ersten Physik-Nobelpreis an.

Die Entdeckung des Innersten: Der Vater der Psychoanalyse war der Nervenarzt Sigmund Freud, der in Wien praktizierte und wegen der Nazis nach London emigrierte. Hier ein Bild von 1921.

Psychoanalyse und Traumdeutung

„Auf den folgenden Blättern werde ich den Nachweis erbringen", versprach der Autor, „dass es eine psychologische Technik gibt, welche gestattet, Träume zu deuten, und daß bei Anwendung dieses Verfahrens jeder Traum sich als ein sinnvolles psychisches Gebilde herausstellt …"*

So steht es im ersten Kapitel von „Die Traumdeutung", geschrieben von Sigmund Freud. Ausgeliefert wurde das Buch am 4. November 1899 – doch der Wiener Neurologe hat es absichtsvoll auf das Jahr 1900 vordatiert. Er wollte mit dem Beginn des 20. Jahrhunderts gleichzeitig eine neue Ära anbrechen lassen, im Licht der Erkenntnis: Träume sind in Bildern codierte Nachrichten aus dem Unbewussten. Und in Träumen zeigen sich unerfüllte Wünsche, die sich uns im Wachzustand entziehen.

Es war mit Sicherheit eine Sternstunde in der Erforschung des Menschen, die Traumdeutung aus der Spökenkieker-Ecke herauszuholen. Träume haben die Menschen seit jeher beschäftigt – und verwirrt. Waren es göttliche Hinweise? Das nachträgliche Verarbeiten von Erlebnissen der vergangenen Tage? Prophetische Blicke in die Zukunft? Oder lediglich die Folge objektiv messbarer Sinnesreizungen im Körper des Schläfers? Letzteres könne durchaus eine Rolle spielen, gab Freud zu: „Wenn wir des Nachts unsere Bettdecke verlieren, so träumen wir vielleicht, dass wir nackt umhergehen oder dass wir ins Wasser gefallen sind." Doch dies sei eben nicht alles: „Der Traum (lässt) uns bisweilen in Tiefen und Falten unseres Wesens blicken, die uns im Zustand des Wachens meist verschlossen bleiben."

Diese Tiefen und Falten, so Freud, können weit in die Lebensgeschichte zurückreichen, häufig bis in die früheste Kindheit. Im Bodensatz der Träume komme man dem „Es" nahe, vermutete der Erfinder der Psychoanalyse: unbewussten triebhaften Bedürfnissen, die nach Erfüllung verlangten – doch von einem mächtigen inneren Zensor an der Bewusstwerdung im Wachzustand gehindert würden. „Verdrängung" nannte der Wiener Forscher diesen Prozess, der heute längst ein gängiger Begriff der Umgangssprache ist. Über dem „Es" verortete Freud zwei weitere Stockwerke der Psyche: das (bewusste) „Ich" sowie die moralische Instanz des „Über-Ichs".

Wenn Erziehungsfehler oder Lebenserfahrungen die triebhaften Wünsche allzu rigide in den Keller der Psyche verbannten, entwickle der Mensch unter Umständen psychische Störungen. Deren Ursachen komme man durch Traumdeutung auf die Spur, meinte der Forscher. Denn im Schlafenden sei die innere Zensur teilweise aufgehoben. Die Methode: Der „manifeste Traum", an den sich der Erwachte erinnert, enthält verschlüsselte Symbole, durch deren Analyse man den wahren „latenten Traum" aufdecken kann. Hierzu muss der Patient zu freien Assoziationen über die Symbole angeregt werden.

Kritik an zuviel phallischen Symbolen

Sigmund Freuds Ideen haben bis zum heutigen Tag ebenso viele Bewunderer wie Verächter. Einiges an Kritik hat er sich selbst zuzuschreiben. Seine Vorstellungen über den Menschen waren teils zu stark vom Blick auf die eigene Person geprägt und von den typischen Lebensläufen und Phantomen des Wiener Großbürgertums. Er war eben ein Kind der prüden und sexuell verlogenen K.u.K.-Epoche.

Schon sein Schüler Carl Gustav Jung bekannte, er könne „Freuds fast ausschließliches Interesse an der Sexualität nicht teilen". Heute liest es sich unfreiwillig komisch, dass der spitzbärtige Vater der Psychoanalyse in jedem geträumten Turm ein phallisches Symbol zu erkennen glaubte. Traumforscher Michael Schredl, wissenschaftlicher Leiter des Schlaflabors am Zentralinstitut für Seelische Gesundheit in Mannheim ist überzeugt, die Deutung sage mehr über die deutende Person aus als über den Traum.

Eines allerdings kann Sigmund Freud keiner nehmen: In der menschlichen Psyche die Ebene des Unbewussten erkannt zu haben, war eine wissenschaftliche Großtat, die unser Menschenbild enorm erweitert hat.

* Quellennachweis: Sigmund Freud: Die Traumdeutung. Franz Deuticke Verlag, Leipzig und Wien 1939

1500
1512 Entdeckung des Golfstroms
1543 Das neue Bild des Himmels
1600
1700
1712 Dampfmaschine
1753 Linnés binäre Nomenklatur
1783 Heißluftballon
1800
1837 Daguerre: Fotografie
1845 Alexander von Humboldt
1859 Darwin: Entstehung der Arten
1869 Mendelejew: Periodensystem
1886 Automobil
1899 Sigmund Freud: Traumdeutung
1905 Einsteins Relativitätstheorie
1915 Wegeners Kontinentaldrift
1928 Fleming entdeckt Penicillin
1938 Kernspaltung
1941 Erste Computer
1953 Menschliche Genetik
1954 Solarzelle
1961 Erster Mensch im Weltraum
1973 Entdeckung von Lucy
1977 Künstliche Befruchtung
1991 Start World Wide Web
2000
2003 Homo floriensis
2010 Neue Menschenarten

Physikern ging bei diesen Lichtern ein Licht auf: Experimente zur Temperaturmessung von Gaslaternen führten auf Umwegen zu den Gesetzen der Quantenmechanik.

Ein Akt der Verzweiflung

Experimentelle Quantenphysik ist eigentlich ganz einfach. Zum Beispiel braucht man nur einen Elektroherd anzuschalten. Er wird warm, wärmer, schließlich heiß und beginnt sogar, rot zu glühen. Doch obwohl Menschen mit der Bändigung des Feuers schon vor über einer Million Jahre Dinge erhitzt haben, dauerte es bis zum 14. Dezember 1900, um diese Vorgänge physikalisch korrekt zu beschreiben. Das tat Max Planck, als er in einem Vortrag in Berlin eine „glücklich erratene Interpolationsformel" vorstellte, wie er sagte. Auch wenn keinem der anwesenden Wissenschaftler – Planck eingeschlossen – die Bedeutung und Tragweite seines neuen Strahlungsgesetzes bewusst war, kann dies als „Geburtstag der Quantenphysik" gelten. So bezeichnete es später Max von Laue, der bei Planck promoviert hatte.

Plancks theoretischer Durchbruch bestand darin, geschickt zwischen zwei bereits bekannten Formeln zu vermitteln: einer von Wilhelm Wien gefundenen, die ab einer Strahlungsfrequenz von rund 400 Millionen Hertz gut mit den experimentellen Befunden übereinstimmte, und einer von John William Strutt (Baron von Rayleigh), die bei Frequenzen unter 10 Millionen Hertz passte – bei den jeweils anderen Bereichen versagten diese Formeln. Planck erriet also ein Gesetz, das zum gesamten gemessenen Spektralbereich passte.

Das war keineswegs trivial. Doch der entscheidende Fortschritt lag woanders: Das Planck'sche Strahlungsgesetz enthält nicht nur zwei bereits bekannte Naturkonstanten (Lichtgeschwindigkeit und Boltzmann-Konstante), sondern auch noch eine neue „Hilfskonstante". Sie wurde später als Planck'sches Wirkungsquantum h bezeichnet und ist das Herzstück der Quantentheorie. Ihre metrische Dimension ist die einer Wirkung, also Energie multipliziert mit Zeit; und ihr Wert ist sehr klein: $6{,}62606957 \cdot 10^{-34}$ Joulesekunden. An dieser Winzigkeit liegt es auch, warum sich Quanteneffekte im Alltag normalerweise nicht bemerkbar machen.

Dies wurde zunächst gar nicht begriffen. Ebenso wenig, dass das Planck'sche Strahlungsgesetz nicht mit der Klassischen Physik vereinbar ist – das wiesen erst Albert Einstein und Paul Ehrenfest einige Jahre später nach.

Doch allmählich setzte sich die Erkenntnis durch, dass die Natur – zumindest auf kleinsten Skalen – Sprünge macht, also nicht kontinuierlich ist, sondern gequantelt: Die Energie E, das folgt unmittelbar aus Plancks Formel, kann nur portionsweise abgestrahlt oder absorbiert werden – in einzelnen Quanten (von „quantum", lateinisch: wie viele?). Sie ist gleich der Frequenz f der Strahlung multipliziert mit den Planck'schen Wirkungsquantum: E = hf. Ähnlich wie Geld eine kleinste Einheit besitzt, etwa den Cent, ist also die Energie nicht kontinuierlich vorhanden, sondern nur stückweise, das heißt portioniert, diskret oder sprunghaft.

Energie gibt es nur portionsweise

„Kurz zusammengefasst kann ich die ganze Tat als einen Akt der Verzweiflung bezeichnen", schrieb Planck rückblickend in einem Brief 1931. „Denn von Natur bin ich friedlich und bedenklichen Abenteuern abgeneigt. Eine theoretische Deutung musste um jeden Preis gefunden werden, und wäre er noch so hoch."

Plancks Entdeckung hatte weitreichende Konsequenzen. Albert Einstein beschrieb auf ihrer Basis 1905 die elektromagnetische Strahlung als Teilchen-Phänomen (Photonen). Da sie aber auch Wellencharakter besitzt (Beugung, Interferenz), postulierte Niels Bohr später einen bis heute umstrittenen Welle-Teilchen-Dualismus. Wie Louis de Broglie 1924 und Erwin Schrödinger 1926 erkannten, gilt dieser auch für Materie: Sie zeigt neben Teilchen- ebenfalls Welleneigenschaften. Und Werner Heisenberg entdeckte 1927 mit seiner berühmten Unschärferelation, dass Plancks Wirkungsquantum sogar eine Grenze angibt, wie genau Größen wie Ort und Impuls (das Produkt von Masse und Geschwindigkeit) oder Zeit und Energie zugleich (!) bestimmbar beziehungsweise bestimmt sind. Die Natur ist in ihren Grundfesten nicht nur quantisiert, sondern auch seltsam unscharf.

1500
1512 Entdeckung des Golfstroms
1543 Das neue Bild des Himmels
1600
1700
1712 Dampfmaschine
1753 Linnés binäre Nomenklatur
1783 Heißluftballon
1800
1837 Daguerre: Fotografie
1845 Alexander von Humboldt
1859 Darwin: Entstehung der Arten
1869 Mendelejew: Periodensystem
1886 Automobil
1900 Planck'sches Strahlungsgesetz
1905 Einsteins Relativitätstheorie
1915 Wegeners Kontinentaldrift
1928 Fleming entdeckt Penicillin
1938 Kernspaltung
1941 Erste Computer
1953 Menschliche Genetik
1954 Solarzelle
1961 Erster Mensch im Weltraum
1973 Entdeckung von Lucy
1977 Künstliche Befruchtung
1991 Start World Wide Web
2000
2003 Homo floriensis
2010 Neue Menschenarten

Kollision im Computer: So sieht es aus, wenn sich zwei Schwarze Löcher umtanzen und verschmelzen. Die dabei entstandenen Gravitationswellen konnten 2015 erstmals gemessen werden.

Einsteins relativer Geniestreich

Die Spezielle Relativitätstheorie war die Antwort auf zwei große Probleme der Klassischen Physik. Daran arbeiteten einige Wissenschaftler, doch keinem gelang der radikale Perspektivenwechsel, mit dem Albert Einstein im Berner Patentamt 1905 den vertrackten Knoten durchschnitt, weil ein geduldiges Aufdröseln auf herkömmlichem Weg nicht möglich war. Das eine Problem war empirisch: Die schon gut etablierte Theorie des Elektromagnetismus legte die Existenz eines den ganzen Weltraum ausfüllenden Mediums nahe – doch Experimente konnten diesen Äther nicht nachweisen; er schien nicht zu existieren. (Bahnbrechend, aber nicht hinreichend waren die Interferometrie-Experimente von Albert Michelson und Edward Morley in den Jahren 1881 und 1887.) Das andere Problem war theoretischer Natur: Die Umrechnungsregel von einem Bezugssystem in ein anderes, die in der Theorie des Elektromagnetismus verwendet wird, entspricht nicht der Umrechnungsregel für Bezugssysteme im Rahmen der Klassischen Mechanik – obwohl die Welt doch eine Einheit ist und elektromagnetische Phänomene auch auf mechanische wirken können und umgekehrt. Während das eine Problem also ein handfester Widerspruch zwischen Theorie und Erfahrung (oder Realität) bedeutete, bestand das andere Problem im Widerspruch zwischen zwei experimentell gut bewährten Theorien. Solche Inkonsistenzen sind Gift für eine kohärente Weltbeschreibung – und zugleich die stärkste Motivation für die Suche nach einer besseren, die frei von solchen fatalen Schwierigkeiten ist.

Einstein zeigte, dass die elektrodynamische „Umrechnungsregel“ zwischen Koordinatensystemen letztlich auch für die Mechanik gilt. Dazu machte er zwei Annahmen, die den Kern der Speziellen Relativitätstheorie bilden. Erstens das Relativitätsprinzip: Die physikalischen Gesetze sind in allen gleichförmig bewegten, also unbeschleunigten, Bezugssystemen gleich. Und zweitens die Konstanz der Lichtgeschwindigkeit: Sie ist im Vakuum in allen Bezugssystemen identisch – und liegt bei knapp 300 000 Kilometer pro Sekunde.

Die Spezielle Relativitätstheorie hat seltsame Konsequenzen: So gehen Uhren in Systemen, die fast lichtschnell sind, langsamer, und Abstände verkürzen sich (Zeitdilatation und Längenkontraktion). Raum und Zeit sind nicht isoliert voneinander, sondern bilden eine unzertrennliche Einheit, die Raumzeit. Masse m kann nicht auf die Lichtgeschwindigkeit c beschleunigt werden und ist gleichsam eine Form von Energie E – Einsteins berühmte Formel dafür lautet $E = mc^2$.

Noch bizarrer sind die Folgen der Allgemeinen Relativitätstheorie, deren Feldgleichungen Einstein im November 1915 in Berlin formuliert hat. Sie basieren auf der Äquivalenz von schwerer und träger Masse und beschreiben, wie sich die Raumzeit krümmt, wenn Materie oder Energie anwesend sind. Außerdem erkannte Einstein, dass Raum und Zeit nicht die Bühne sind, auf der alles stattfindet, sondern eine aktive Rolle im kosmischen Drama spielen. Diese Einsichten waren revolutionär. Und sie wurden nach und nach mit höchster Präzision bestätigt.

Raum und Zeit in neuem Licht

So konnte Einstein bereits 1915 eine ominöse Bahnabweichung des Planeten Merkur erklären. 1919 wurde die Lichtablenkung im Gravitationsfeld der Sonne bei einer Totalen Sonnenfinsternis gemessen. Solche Gravitationslinsen-Effekte gibt es auch bei fernen Sternen und Galaxien, deren Strahlung oft zu Mehrfachbildern oder Ringen aufgespalten wird. Im Schwerefeld ticken Uhren langsamer, was bei Navigationsgeräten berücksichtigt werden muss. Am „Rand“ eines Schwarzen Lochs bleibt die Zeit von außen betrachtet sogar stehen. Auch kann die Raumzeit schwingen, wie es Einstein schon 1916 und 1918 beschrieben hat. Die Existenz solcher Gravitationswellen wurde 2016 bekannt gegeben, nachdem ein internationales Team aus über 1000 Physikern und Ingenieuren die lichtschnellen Raumzeit-Kräuselungen gemessen hatten, die bei der erschütternden Kollision von Schwarzen Löchern rund eine Milliarde Lichtjahre entfernt entstanden waren.

1500
1512 Entdeckung des Golfstroms
1543 Das neue Bild des Himmels
1600
1700
1712 Dampfmaschine
1753 Linnés binäre Nomenklatur
1783 Heißluftballon
1800
1837 Daguerre: Fotografie
1845 Alexander von Humboldt
1859 Darwin: Entstehung der Arten
1869 Mendelejew: Periodensystem
1886 Automobil
1900
1905 Einsteins Relativitätstheorie
1915 Wegeners Kontinentaldrift
1928 Fleming entdeckt Penicillin
1938 Kernspaltung
1941 Erste Computer
1953 Menschliche Genetik
1954 Solarzelle
1961 Erster Mensch im Weltraum
1973 Entdeckung von Lucy
1977 Künstliche Befruchtung
1991 Start World Wide Web
2003 Homo floriensis
2000
2010 Neue Menschenarten

Guter Ertrag für alle: Das Emaille-Schild aus dem Jahr 1913 wirbt für den neuen Ammoniak-Kunstdünger, der im Haber-Bosch-Verfahren hergestellt wird und reiche Ernte ermöglicht.

Patent Haber-Bosch-Verfahren

Kaum ein Thema beschäftigte die Gelehrten gegen Ende des 19. Jahrhunderts so sehr wie die Angst vor der großen Hungerkatastrophe: Zu Beginn der Industriellen Revolution war die europäische Bevölkerung rasend schnell gewachsen – allein zwischen 1750 und 1850 von 140 auf 266 Millionen Menschen. Um so viele Menschen satt zu machen, mussten Bauern damit beginnen, ihre Felder mit Mineralien zu düngen – Mist allein reichte nicht mehr aus, um genug Lebensmittel zu produzieren. Es fehlte vor allem an Stickstoff, der wichtigsten Bausubstanz der Pflanzen. Fortan streuten die Bauern stickstoffhaltigen Salpeter auf die Felder, den man damals aus Tagebauen im Grenzgebiet von Chile, Peru und Bolivien in der Atacama-Wüste gewann und per Schiff nach Europa brachte. Doch dann kam der Schock: 1898 rechnet der britische Naturforscher Sir William Crookes vor, dass die Düngervorräte schon 1930 zur Neige gehen würden. Zwar gibt es auf der Erde Stickstoff in rauen Mengen, weil die Atmosphäre zu 78 Prozent daraus besteht. Doch können Pflanzen ihn nicht in reiner Form verwerten. Nur einige Bakterientypen sind dazu in der Lage. Doch stehen sie vor einem schier unlösbaren Problem: Luftstickstoff ist ein ausgesprochen träges Gas. Um es chemisch in das für Pflanzen verwertbare Ammonium zu verwandeln, muss man dem Stickstoff ordentlich einheizen. Doch benötigen alle ersten Verfahren ungeheuer viel Energie. Eine industrielle Nutzung liegt in weiter Ferne.

Es ist der deutsche Chemiker Fritz Haber, der die zündende Idee hat. Sehr viel eleganter erscheint es ihm, Luftstickstoff mit Wasserstoff direkt zu Ammoniak reagieren zu lassen, der Vorstufe des Ammoniums. Haber tüftelt. Er weiß, dass er einen Katalysator benötigt, um den trägen Stickstoff und den Wasserstoff zu vereinen. Er testet Dutzende Katalysatoren. Dann endlich gelingt das Experiment, mit einem Eisenkatalysator. Im Juli 1909 tröpfelt Ammoniak aus der Laborapparatur! Doch noch ist Fritz Haber nicht am Ziel. Ein weiteres großes Problem liegt vor ihm. Die Reaktion von Stickstoff und Wasserstoff läuft trotz des Katalysators viel zu langsam ab. Erst wenn man Druck und Temperatur erhöht, nimmt die Reaktion Fahrt auf. Bei hohen Temperaturen und hohem Druck aber zerfällt das Ammoniak gleich wieder. Damit ist nichts gewonnen.

Fritz Haber nimmt Kontakt mit dem Chemiker Carl Bosch auf, der damals bei der Chemiefirma BASF arbeitet. Carl Bosch hat technische Expertise, und tatsächlich gelingt es ihm, eine Anlage zu entwickeln, in der das Experiment unter hohen Drücken und Temperaturen ablaufen kann: Jetzt wird aus der Reaktionskammer permanent Gas abgesaugt. Dabei wird das entstandene Ammoniakgas abgekühlt und verflüssigt, während Stickstoff und Wasserstoff wieder in die Kammer zurückgeleitet werden.

Vom Dünger zum Sprengstoff

Zeitgleich macht sich sein Mitarbeiter Paul Alwin Mittasch auf die Suche nach einem noch besseren Katalysator. Den findet Mittasch nach Tausenden von Versuchen mit unzähligen Katalysatormaterialien: Eisen mit Oxidanteilen aus Aluminium, Calcium und Kalium. 1908 haben die drei Forscher ihr Ziel erreicht: Sie verfügen über ein chemisches Verfahren, das funktioniert, eine Anlage und den perfekten Katalysator. Beim Kaiserlichen Patentamt in Berlin beantragt Fritz Haber Patentschutz für ein „Verfahren zur synthetischen Darstellung von Ammoniak aus den Elementen". 1911 wird das Patent erteilt.

Fritz Haber und Carl Bosch werden sogar mit Nobelpreisen geehrt. Doch allein als Männer, die die Welt vor dem Hungertod retteten, werden sie nicht in die Geschichte eingehen. Denn Ammoniak ist auch Hauptbestandteil von Sprengstoffen. Carl Bosch gibt der Obersten Heeresleitung in Berlin sein „Salpeterversprechen". Damit garantiert er, die Rüstungsindustrie mit ausreichend Ammoniak zu versorgen. Fritz Haber wiederum scheint mit seinem Erfolg die Realität aus den Augen verloren zu haben. Er beginnt Chlorgaswaffen zu entwickeln und leitet während der Flandernschlacht 1915 bei Ypern den ersten deutschen Giftgasangriff. Nach der deutschen Niederlage 1918 wird er zum Kriegsverbrecher erklärt.

1500
1512 Entdeckung des Golfstroms
1543 Das neue Bild des Himmels
1600
1700
1712 Dampfmaschine
1753 Linnés binäre Nomenklatur
1783 Heißluftballon
1800
1837 Daguerre: Fotografie
1845 Alexander von Humboldt
1859 Darwin: Entstehung der Arten
1869 Mendelejew: Periodensystem
1886 Automobil
1900
1911 Patent Haber-Bosch-Verfahren
1915 Wegeners Kontinentaldrift
1928 Fleming entdeckt Penicillin
1938 Kernspaltung
1941 Erster Computer
1953 Menschliche Genetik
1954 Solarzelle
1961 Erster Mensch im Weltraum
1973 Entdeckung von Lucy
1977 Künstliche Befruchtung
1991 Start World Wide Web
2000
2003 Homo floriensis
2010 Neue Menschenarten

Drei Abhandlungen ergeben ein neues Bild des Atoms: Kurz hintereinander im Jahr 1913 von Bohr publiziert, machten sie deutlich, worauf die chemischen Eigenschaften der Elemente beruhen.

„Höchste Musikalität des Gedankens“

Atome bestehen aus einem Kern und einer Elektronenhülle. Das hatte Ernest Rutherford 1911 entdeckt, als er in seinem Labor in Manchester Alpha-Teilchen aus Radium auf eine dünne Goldfolie schoss. Nicht alle Teilchen flogen durch sie geradeaus, sondern etwa eines von 100 000 wurde abgelenkt. Dies erklärte Rutherford mit einem neuen Atommodell, demzufolge Elektronen um den Kern wie Planeten um die Sonne kreisen. Solche Atomkerne waren es, die die Alpha-Teilchen zuweilen reflektiert hatten.

Allerdings dürften Rutherfords Modell zufolge Atome gar nicht stabil sein. Weil elektrisch geladene Partikel, wenn sie beschleunigt werden, Strahlung abgeben und somit Energie verlieren, müssten die Elektronen innerhalb von wenigen Sekunden in den Kern stürzen. Doch diese Überschlagsrechnung konnte nicht stimmen – denn sonst gäbe es überhaupt keine Atome in der Welt.

Dieses Problem trieb den dänischen Physiker Niels Bohr um, der im Sommer 1912 bei Rutherford in Manchester forschte. Außerdem wollte er verstehen, wie das Linienspektrum zustande kommt, das jedem chemischen Element einen charakteristischen „Fingerabdruck“ aus Licht verleiht: Licht, das durch ein Prisma fällt, wird darin nämlich gebrochen und abgelenkt, und zwar umso stärker, je kleiner seine Wellenlänge ist – es wird in die Farben des Regenbogens aufgefächert. Isaac Newton hatte dies 1671 beschrieben und „Spektrum“ genannt.

Im Gegensatz zu einem solchen kontinuierlichen Spektrum zeigt Licht, das beim Erhitzen von reinen chemischen Substanzen entsteht, nur eine begrenzte Zahl farbiger Linien mit ganz bestimmten Wellenlängen. Wie es zu einem solchen Linienspektrum kommt, war rätselhaft. Zwar hatte Johann Jakob Balmer, ein Mathematiklehrer und Universitätsdozent in Bern, für das sichtbare Licht des Wasserstoffs 1885 eine Formel gefunden, die die Messungen gut beschrieb. Aber dahinter steckte keine Theorie.

Im Frühjahr 1913 gelang es Niels Bohr jedoch, die Elektronenstruktur des Wasserstoff-Atoms und dessen Spektrum im Rahmen eines neuen Modells zu erklären. Demnach können sich die Elektronen nur auf bestimmten Kreisbahnen bewegen, nicht zwischen diesen. Wechseln sie ihre Bahn – auch Energieniveau, Zustand oder Schale genannt – müssen sie Energie abgeben beziehungsweise aufnehmen. Das heißt, die Bahnen sind quantisiert – wie auch die Energie der Strahlung. Dies zeigte sich in Bohrs Formel, weil darin das Planck'sche Wirkungsquantum vorkommt, demzufolge Strahlung aus winzigen Energieportionen besteht, den Quanten.

Die drei Abhandlungen, die Bohr 1913 kurz hintereinander publizierte, waren ein Durchbruch. Sie eröffneten nicht nur das Verständnis des Atombaus, sondern sie beschrieben auch einen Mechanismus der Wechselwirkung von Licht und Materie. Plötzlich waren die Zahlen, mit denen Balmer das Linienspektrum des Wasserstoffs charakterisiert hatte, keine „Zahlenmagie“ mehr. Es wurde deutlich, worauf die chemischen Eigenschaften der Elemente beruhten: auf der Anzahl ihrer Elektronen und deren Bahnen.

Erklärung für die Zahlenmagie

Bohr prägte auch das Konzept der Quantensprünge. Trifft ein Photon mit hinreichender Energie auf ein Elektron, springt dieses auf eine weiter außen gelegene Bahn. Und wenn umgekehrt ein angeregtes Elektron auf ein tieferes Energieniveau näher zum Kern hin wechselt, strahlt es ein Lichtquant ab. Das Linienspektrum spiegelt somit die Architektur der Elektronenorbits wider.

„Es war, wie wenn einem der Boden unter den Füßen weggezogen worden wäre, ohne dass sich irgendwo fester Grund zeigte, auf dem man hätte bauen können. Dass diese schwankende und widerspruchsvolle Grundlage hinreichte, um einen Mann mit dem einzigartigen Instinkt und Feingefühl Bohrs in den Stand zu setzen, die hauptsächlichen Gesetze der Spektrallinien und der Elektronenhüllen der Atome nebst deren Bedeutung für die Chemie aufzufinden, erschien mir wie ein Wunder“, beschrieb Albert Einstein Bohrs Pionierleistung später. „Das ist höchste Musikalität auf dem Gebiete des Gedankens.“

1500
1512 Entdeckung des Golfstroms
1543 Das neue Bild des Himmels
1600
1700
1712 Dampfmaschine
1753 Linnés binäre Nomenklatur
1783 Heißluftballon
1800
1837 Daguerre: Fotografie
1845 Alexander von Humboldt
1859 Darwin: Entstehung der Arten
1869 Mendelejew: Periodensystem
1886 Automobil
1900
1911 Rutherfords Streu-Experiment
1915 Wegeners Kontinentaldrift
1928 Fleming entdeckt Penicillin
1938 Kernspaltung
1941 Erste Computer
1953 Menschliche Genetik
1954 Solarzelle
1961 Erster Mensch im Weltraum
1973 Entdeckung von Lucy
1977 Künstliche Befruchtung
1991 Start World Wide Web
2000
2003 Homo floriensis
2010 Neue Menschenarten

Der Riss durch die Welt wird hier sichtbar: Bei Thingvellir auf Island driften die Nordamerikanische und die Eurasische Platte auseinander – ein Beleg der Kontinentalverschiebung.

Alfred Wegener – die Kontinentaldrift

Wer sich die Weltkarte anschaut, dem fällt unweigerlich auf: Afrika und Südamerika sehen aus wie zwei Puzzlestücke, die getrennt wurden. Als der Astrophysiker, Meteorologe und Polarforscher Alfred Wegener diesen Gedanken 1910 in einem Brief äußerte, war er beileibe nicht der Erste. Doch er war der Erste, der das wissenschaftlich nachprüfte. Denn kurz darauf hörte er, dass Paläontologen beidseits des Atlantiks Fossilien gefunden hatten, die einander sehr ähnelten. Fortan suchte er Beweise, dass ursprünglich alle Kontinente einmal in einer einzigen Landmasse vereint waren – dem Superkontinent, den er „Pangaea" nannte. Bis dahin galt die Lage von Kontinenten als unveränderlich. Gebirge, so dachte man, seien eine Folge des Abkühlens der Erde. Der heiße Planet sei dabei geschrumpft und habe Runzeln bekommen wie ein alternder Apfel. Die Tatsache, dass auf verschiedenen Kontinenten eng verwandte Pflanzen und Tiere lebten, erklärte man mit Landbrücken, die inzwischen im Meer versunken seien.

Doch Wegener verfolgte seine Theorie: Er kartierte Fundorte von Fossilien gleicher Spezies auf allen Südkontinenten, also Südamerika, Afrika, Australien, Indien und Antarktis. Er verglich 300 Millionen Jahre alte Gletscherablagerungen. Er entdeckte zusammenpassende Gesteinsfolgen zu beiden Seiten des Atlantiks, die es nirgendwo sonst gab. Und er führte an, dass Funde von Kohleflözen – also von versunkenen, abgestorbenen Wäldern – in der Antarktis darauf hinwiesen, dass diese einst in viel wärmeren Gefilden entstanden sein mussten.

Am 6. Januar 1912 präsentierte Wegener seine Ergebnisse in einem Vortrag vor der Geologischen Vereinigung in Frankfurt am Main: Demnach sind Kontinente sehr wohl beweglich. Da sie leichter als der Meeresboden sind, schwimmen sie obenauf wie Eisberge auf dem Wasser. Wo sie kollidieren, bebt die Erde und falten sich Gebirge auf. Und vor vielen Millionen Jahren hingen sie einmal zusammen. Wegener war 31 Jahre alt. Viele der gestandenen Geologen im Saal rümpften die Nase über das, was ihnen dieser fachfremde Besserwisser da weismachen wollte. Auch als Wegener seine Theorie drei Jahre später in „Die Entstehung der Kontinente und Ozeane" schriftlich darlegte, stieß er auf starken Widerspruch. Er wurde als „Märchenerzähler" verspottet.

Doch er sammelte weiter Indizien, bis er 1930 kurz nach seinem 50. Geburtstag auf einer Grönlandexpedition ums Leben kam. Sein Hauptproblem war, dass er bis zuletzt eine Frage nicht beantworten konnte: Welche Kraft treibt die Drift an?

Die Antwort gab der Meeresgrund

Die Antwort fanden Forscher erst später: Als in den 50er- und 60er-Jahren die Böden der Weltmeere per Echolot vermessen wurden, entdeckte man die Mittelozeanischen Rücken – Gebirgskämme, die sich unter Wasser wie die Naht eines Tennisballs rund um den Globus erstrecken. Inmitten dieser Kämme liegen Gräben, aus denen Magma aufsteigt, neuen Meeresboden bildet und den älteren zu beiden Seiten wegschiebt – samt der noch älteren Kontinente, die obenauf liegen. Als treibende Kraft wurden Konvektionsströme im Innern der Erde ausgemacht: Im zähflüssigen Erdmantel steigt in Kreisläufen heiße Materie auf und kühlere sinkt ab – wie kochendes Wasser in einem Topf.

Die Funde standen wunderbar in Einklang mit Wegeners Theorie der Kontinentaldrift, die man nun wieder aus der Schublade holte. Heute wissen wir: Die obere starre Schicht der Erde (die „Lithosphäre") besteht aus sieben großen und etlichen kleineren „tektonischen Platten". Angetrieben von den Hitzewallungen im Inneren der Erde schwimmen sie auf dem plastischen Erdmantel – und bewegen sich etwa so langsam, wie unsere Fingernägel wachsen: wenige Zentimeter pro Jahr. So erweiterten Geophysiker die Theorie der „Kontinentaldrift" zur Theorie der „Plattentektonik". Die Weltkarte ist in geologischen Zeiträumen betrachtet also nur ein Schnappschuss. Und Alfred Wegener gilt nicht mehr als Märchenerzähler, sondern als Kopernikus der Geowissenschaften – als derjenige, der unser modernes Bild von der Erde entscheidend prägte.

Das Genie der Neuzeit: Albert Einstein vereinigte die Beschreibung von Raum, Zeit, Materie, Energie, Beschleunigung und Gravitation. Links: Willem de Sitter

Die Wissenschaft vom Weltganzen

Ich habe auch wieder etwas verbrochen in der Gravitationstheorie, was mich ein wenig in Gefahr setzt, in einem Tollhaus interniert zu werden", schrieb Albert Einstein am 4. Februar 1917 in einem Brief. Diese Idee, die er in einem bereits elf Tage später gedruckten Forschungsartikel ausführte, war der Anfang der modernen relativistischen Kosmologie – also der Charakterisierung der Struktur und Dynamik des Weltganzen, die heute vom Standardmodell des Urknalls und der Vorstellung eines sich beschleunigt ausdehnenden Weltraums geprägt ist. Das war damals noch nicht denkbar – obwohl Einstein im Prinzip schon auf diese Idee hätte kommen können, wenn er seiner eigenen Physik mehr vertraut hätte.

Der zunächst äußerst spekulativ anmutende Ansatz begründete das Verständnis des Universums auf der Basis der Allgemeinen Relativitätstheorie. Ohne sie ist eine realistische Beschreibung der Welt nicht möglich. Mehr noch: Erst damals, im Februar 1917, vervollständigte Einstein seine Feldgleichungen der Gravitation und komplettierte damit die Relativitätstheorie. Darin hatte nämlich noch etwas Entscheidendes gefehlt: die Kosmologische Konstante.

Außerdem postulierte Einstein „ein in sich geschlossenes" Universum mit „endlichem, räumlichem (dreidimensionalem) Volumen", „einen sphärischen Raum" mit einem im Prinzip messbaren Krümmungsradius, den er auf rund zehn Millionen Lichtjahre schätzte. Das erwies sich später zwar als falsch (das beobachtbare Universum muss fast 100 Milliarden Lichtjahre groß sein).

Doch die Hypothese war äußerst raffiniert – und eine neue Idee im alten Streit über die Endlichkeit der Welt. Einsteins kurioses Weltmodell war räumlich endlich, aber doch grenzenlos – es hatte keinen mysteriösen oder sogar denkunmöglichen Rand. Vielmehr war es in sich zurücklaufend analog zu einer Kugelfläche. Tatsächlich würde man wieder an seinen Ausgangspunkt zurückkehren, wenn man mit einer Rakete immer weiter geradeaus flöge.

Im Prinzip könnte man also sogar rund um die Welt blicken.

Für sein Modell machte Einstein eine extreme Vereinfachung: Wenn es „nur auf die Struktur im Großen ankommt, dürfen wir uns die Materie als über ungeheure Räume gleichmäßig ausgebreitet vorstellen". Er nahm also an, dass sich, gemittelt über riesige Distanzen, die Dichteunterschiede ausgleichen und die Materie auf diesen Skalen näherungsweise homogen verteilt ist. Dies wurde später als Kosmologisches Prinzip bezeichnet und hat sich, gemittelt über Entfernungen von mehr als einigen Hundert Millionen Lichtjahren, glänzend bewährt. Die Kosmische Hintergrundstrahlung zeigt winzige Unterschiede in der Größenordnung 1 zu 100 000. Dass das Kosmologische Prinzip so gut passt, ist ein Geschenk der Natur, weil es die Beschreibung des Alls durch eine Symmetrie extrem vereinfacht – Einsteins zehn gekoppelte Gleichungen reduzieren sich auf zwei; doch das war damals noch unbekannt.

Ein neues Verständnis des Universums

Einsteins Weltmodell beschrieb ein statisches Universum – die Kosmologische Konstante führte er sogar genau deswegen ein. Das war ein mächtiges Vorurteil jener Zeit. Tatsächlich kann ein statischer Raum aber nicht stabil sein – bereits minimale Änderungen wie ein Husten würden ihn expandieren oder kontrahieren lassen. Diese Erkenntnis formulierten einige Wissenschaftler schon, bevor Astronomen sie bestätigten. Besonders wichtig waren dabei die Arbeiten von Willem de Sitter (1917), Alexander Friedmann (ab 1922), Georges Lemaître (ab 1925) und Howard P. Robertson (ab 1928), wobei auch Pionierarbeiten von Cornelius Lanczos (ab 1922) und Arthur S. Eddington (ab 1923) eine Rolle spielten. Auf diesen Rechenmodellen basiert das heutige Standardmodell der Kosmologie. Einstein sträubte sich zuerst dagegen, bereute die Einführung der Kosmologischen Konstanten sogar einmal als seine „größte Eselei", ließ sich in den 1930er-Jahren aber von den astronomischen Daten überzeugen und arbeitete dann selbst mit an dem, was inzwischen als Urknall-Theorie unser Universum beschreibt.

Weltinsel: Die Andromeda-Galaxie ist von der Erde etwa 2,7 Millionen Lichtjahre entfernt. Edwin Hubble zeigte, dass sie wie die Milchstraße aus einzelnen Sternen besteht.

Die Flucht der Galaxien

Was Galileo Galilei für unser Sonnensystem und Wilhelm Herschel für unsere Milchstraße waren, bedeutete Edwin Hubble für das beobachtbare Universum", schrieb der Astronom Nicholas Mayall 1953 im Nachruf auf seinen verstorbenen Kollegen. Das war keine Übertreibung. Denn niemand hatte mehr zum Verständnis des Aufbaus und der Dynamik unseres Universums durch Beobachtungen beigetragen.

Hubble konnte zeigen, dass die Milchstraße nur ein Sternsystem unter Myriaden im All ist. Darüber hatten zwar auch andere spekuliert, darunter bereits 1755 der Philosoph Immanuel Kant. Doch es war keineswegs erwiesen, dass sich die diffusen Nebelflecken am Himmel, etwa im Sternbild Andromeda, die bereits Herschel akribisch zu katalogisieren begann, außerhalb der Galaxis befinden. Erst in den 1920er-Jahren glückten Hubble am Observatorium auf dem Mount Wilson in Kalifornien hochaufgelöste Fotos vom Andromeda-Nebel, die einzelne Sterne zeigten. Und anhand bestimmter pulsierender Sterne konnte er dessen Distanz grob messen, ebenso die Entfernung anderer Nebel. Ab 1925 war klar, dass sie andere Galaxien sind, teils ähnlich wie die Milchstraße, aber Millionen Lichtjahre entfernt. Hubble erstellte auch eine Klassifikation dieser Sterneninseln anhand ihres Aussehens, die noch heute gebräuchlich ist und etwas über die Entstehung dieser kosmischen Gebilde verrät.

Damit nicht genug. 1929 entdeckte Hubble zusammen mit seinem Mitarbeiter Milton Humason, dass sich fast alle Galaxien von der Milchstraße wegbewegen. Und zwar umso schneller, je weiter entfernt sie sind. Das bedeutet jedoch nicht, dass die Milchstraße der Mittelpunkt einer gewaltigen Explosion ist, von dem alles davonfliegt. Es ist vielmehr ein klarer Beleg dafür, dass sich der gesamte beobachtbare Weltraum ausdehnt. Der Raum selbst wächst und treibt Galaxien auseinander wie ein Hefekuchenteig mit Rosinen im Backofen, in dem die Abstände der Rosinen beim Aufgehen wachsen.

Der Raum ist nämlich nicht „nichts". Er ist nicht starr und unveränderlich, sondern flexibel, beeinflussbar und dynamisch. Das hat Albert Einstein 1915 mit seiner Allgemeinen Relativitätstheorie beschrieben. In den darauffolgenden Jahren begriffen er und andere Forscher auch, dass der Weltraum nicht statisch, stabil und bewegungslos ist, sondern sich als Ganzes ausdehnen (oder zusammenziehen) muss. Das war eine unerwartete Schlussfolgerung. Kaum jemand hatte sie ernst genommen, nicht einmal Einstein selbst – bis Hubble seine Daten veröffentlichte. Die Ausdehnungsrate wird ihm zu Ehren Hubble-Konstante genannt.

Eigentlich sollte die Schwerkraft der Materie im All dessen Expansion mit der Zeit verlangsamen – oder sogar zur Umkehrung zwingen, zu einem Kollaps des Weltraums, falls dieser hinreichend viel Masse besitzt. Aber zahlreiche unabhängige Messungen seit 1998 zeigen das Gegenteil: Das All dehnt sich gegenwärtig und bereits seit etwa sechs Milliarden Jahren immer schneller aus.

Das grundlegende Geheimnis des Kosmos

Die mysteriöse Antriebskraft hierfür wird Dunkle Energie genannt. Doch was dahinter steckt, weiß niemand. Die einfachste Erklärung – und mit allen Daten bestens vereinbar – ist Einsteins Kosmologische Konstante. Hat diese Naturkonstante einen positiven Wert, wirkt sie antigravitativ.

Manche Kosmologen spekulieren allerdings auch, dass die Dunkle Energie gar nicht existiert. Eine alternative Erklärung lautet, dass die Allgemeine Relativitätstheorie bei extrem großen Längenskalen nicht mehr gilt. Einer anderen zufolge ist die Materie im Universum über Milliarden Lichtjahre hinweg nicht im Durchschnitt gleich verteilt, sodass die beschleunigte Expansion gar nicht überall stattfindet, sondern nur in Regionen geringerer Dichte. Fest steht, dass der Kosmos noch ein sehr grundlegendes Geheimnis birgt.

Edwin Hubble wäre darüber nicht erstaunt. 1936 hat er geschrieben: „Die Erforschung des Weltraums endet mit Ungewissheit. Wir messen Schatten, wir suchen mit gespenstischen Messfehlern."

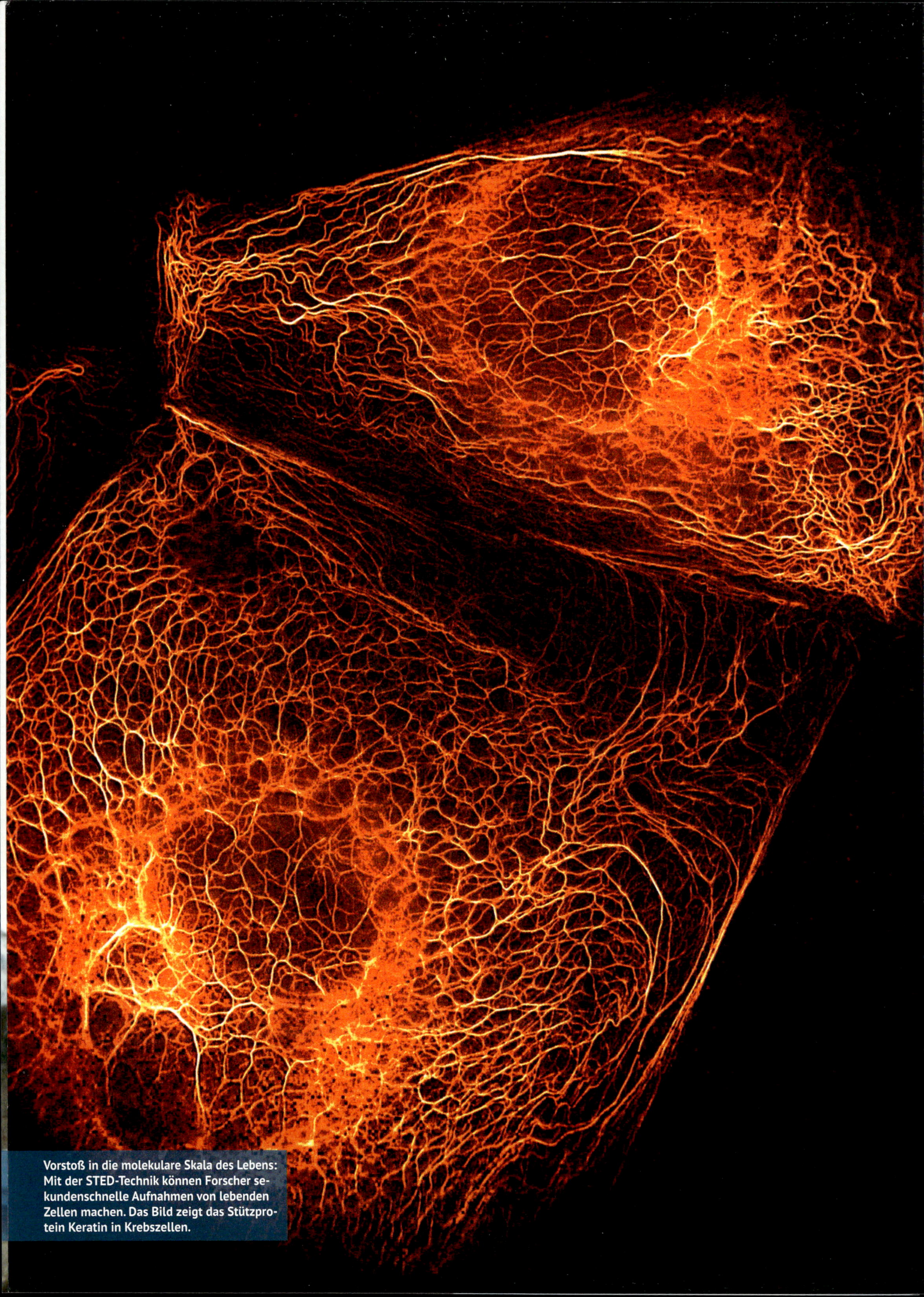

Vorstoß in die molekulare Skala des Lebens: Mit der STED-Technik können Forscher sekundenschnelle Aufnahmen von lebenden Zellen machen. Das Bild zeigt das Stützprotein Keratin in Krebszellen.

Blick in das Kleinste – STED-Mikroskope

Der Niederländer Antoni van Leeuwenhoek war der erste, der in den 1670er-Jahren einen Blick eine unbekannte Welt werfen konnte. Ihm war es gelungen, kugelige Glaslinsen zu fertigen, die mehr als 200-fach vergrößerten. In den folgenden Jahrhunderten wurden die Lichtmikroskope immer weiter verbessert – und entwickelten sich zu einem unentbehrlichen Forschungswerkzeug. Wissenschaftler entdeckten Krankheitserreger und neue Lebewesen.

Doch die Lichtmikroskopie stieß an physikalische Grenzen, die der deutsche Physiker Ernst Abbe 1873 beschrieben hatte. Abbe erkannte, dass die Auflösung eines optischen Mikroskops nie über die halbe Wellenlänge des blauen Lichts hinausgehen wird. Blaues Licht ist das Licht mit der kürzesten Wellenlänge, das der Mensch noch sehen kann. Es hat eine Wellenlänge von etwa 400 Nanometern (Milliardstel Metern). Die halbe Wellenlänge liegt damit bei 200 Nanometern – kleinere Objekte lassen sich im Lichtmikroskop also nicht erkennen. Viele Forscher trieb die Frage um, ob man die von Abbe beschriebenen Grenzen überwinden könne. Die Antwort lieferte Anfang der 1930er-Jahre der Elektroingenieur Ernst Ruska, der damals an der Technischen Hochschule Berlin arbeitete. Ruska und seine Kollegen entwickelten ursprünglich ein Messgerät, mit dem sehr schnell verlaufende elektrische Vorgänge erfasst werden sollten. Nach und nach aber wurde Ruska klar, dass sich das Gerät ganz anders nutzen ließ. Es erzeugte einen Strahl aus negativ geladenen Elektronen, der durch einen Kanal von Elektromagneten geführt wurde.

Ruska gelang es, den Elektronenstrahl mithilfe der Magnete in einem winzigen Punkt zu fokussieren. Und dann kam ihm der entscheidende Gedanke: Da der Elektronenstrahl eine sehr viele kleinere Wellenlänge als blaues Licht hat, müssten sich damit Objekte sehr viel feiner auflösen lassen. Ruska baute eine Konstruktion, in der der Elektronenstrahl nach dem Passieren eines Objektes auf einen fluoreszierenden Schirm traf. Dabei wurde sichtbares Fluoreszenzlicht frei. Ein Objekt wurde dann im Fluoreszenzbild wie ein vergrößerter Schattenriss sichtbar. 1931 stellte Ruska zusammen mit seinem Kollegen Max Knoll den ersten Prototyp vor. Mit Ruskas Erfindung stieß die Mikroskopie in neue Dimensionen vor. Doch die Oberfläche von Gegenständen ließ sich damit nicht betrachten.

Diese Lücke füllte der Physiker Manfred von Ardenne, der 1937 die Rasterelektronenmikroskopie erfand. Dabei wird eine Oberfläche mit einem Elektronenstrahl abgerastert. Während Lichtmikroskope eine Vergrößerung von 1 zu 2000 erreichen, liegen sie beim Rastertunnelmikroskop bei 1 zu 1 Million.

Zwar konnte man mit der Erfindung der Elektronenmikroskope Objekte sehr viel genauer auflösen. Das Abbe-Limit galt aber weiter als unüberwindbar. Es sollte bis in die 1990er-Jahre dauern, bis es dem Physiker Stefan Walter Hell gelang, das Licht zu überlisten. 1994 formulierte er eine Theorie, nach der es möglich ist, durch gezieltes Erzeugen und Dämpfen von Fluoreszenzlicht Objekte darzustellen, die kleiner als 200 Nanometer sind.

Die Idee: Das Licht überlisten

Voraussetzung dafür ist, dass man Objekte wie etwa lebende Zellen zunächst mit Fluoreszenzfarbstoffen markiert. Regt man diese mit Licht an, geben sie Fluoreszenzlicht ab und werden dadurch sichtbar. Umgekehrt lässt sich Fluoreszenz durch andere Lichtwellenlängen aber auch unterdrücken.

Dieses Prinzip hat dem Hellschen Verfahren seinen Namen gegeben: Es wird als STED-Mikroskopie bezeichnet, Stimulated Emission Depletion, was in etwa „Verringerung der stimulierten Anregung“ bedeutet.

1999 stellten Stefan Hell und seine Mitarbeiter das erste STED-Mikroskop vor. Anders als zu van Leeuwenhoeks Zeiten sind Mikroskope seit Jahrzehnten ein unentbehrliches Werkzeug in der Forschung – insbesondere in der Biologie und der Medizin. So überrascht es kaum, dass sowohl Stefan Hell als auch Ernst Ruska zu Nobelpreisträgern gekürt worden sind.

1500
1512 Entdeckung des Golfstroms
1543 Das neue Bild des Himmels
1600
1700
1712 Dampfmaschine
1753 Linnés binäre Nomenklatur
1783 Heißluftballon
1800
1837 Daguerre: Fotografie
1845 Alexander von Humboldt
1859 Darwin: Entstehung der Arten
1869 Mendelejew: Periodensystem
1886 Automobil
1900
1905 Einsteins Relativitätstheorie
1915 Wegeners Kontinentaldrift
1931 Elektronenmikroskop
1938 Kernspaltung
1941 Erste Computer
1953 Menschliche Genetik
1954 Solarzelle
1961 Erster Mensch im Weltraum
1973 Entdeckung von Lucy
1977 Künstliche Befruchtung
1991 Start World Wide Web
2000
2003 Homo floriensis
2010 Neue Menschenarten

Atomforscher unter sich: Lise Meitner und Otto Hahn in einem Labor des Kaiser-Wilhelm-Instituts in Berlin 1925. Mit ihren Arbeiten legten sie die wissenschaftliche Basis zur Kernspaltung.

Zerplatztes Uran: Die Kernspaltung

Die Entdeckung der Kernspaltung hat „ein neues Zeitalter in der Geschichte der Menschheit eröffnet", sagte die Physikerin Lise Meitner ohne Übertreibung. Sie hielt diese wissenschaftliche Leistung für „bewundernswert, weil sie ohne jede theoretische Wegweisung auf rein chemischem Weg erreicht worden war".

Die Erforschung der Radioaktivität unter anderem durch Henri Becquerel, Marie Curie, Pierre Curie, Irène Joliot-Curie und Frédéric Joliot eröffnete einen neuen Blick auf die Materie und ermöglichte „künstlich radioaktive" Atome. Dass chemische Elemente nicht prinzipiell unveränderlich sind, hat zuerst Ernest Rutherford 1917 erkannt, als er eine „nukleare Transmutation" von Stickstoff-14 zu Sauerstoff-17 durch den Beschuss mit Alpha-Strahlung (Helium-Kernen) verursachte. Seinen Kollegen Ernest Walton und John Cockcroft gelang dann durch Protonen-Beschuss eine Spaltung von Lithium-7 in zwei Alpha-Teilchen. Nachdem im selben Jahr James Chadwick das Neutron entdeckt hatte, schuf Enrico Fermi ab 1934 in Rom durch Neutronen-Bestrahlung neue schwere Elemente, die später Transurane genannt wurden. Bereits 1934 äußerte die Chemikerin Ida Noddack auch die Vermutung, dass „bei der Beschießung schwerer Kerne mit Neutronen diese Kerne in mehrere größere Bruchstücke zerfallen".

Diese Kernspaltung – den Begriff prägte Otto Robert Frisch, der bei Niels Bohr in Kopenhagen forschte – wiesen am 17. Dezember 1938 erstmals die Radiochemiker Otto Hahn und Fritz Straßmann in Berlin nach. Sie beschossen Uran-235 mit Neutronen und fanden ein „Zerplatzen" (Hahn) des dadurch gebildeten Uran-236 unter anderem in Barium. (Später wurde deutlich, dass die Uran-Kerne in diverse Spaltprodukte zerfallen können: Barium- und Krypton-Isotope, Xenon und Strontium oder Cäsium und Rubidium, wobei außerdem ein bis drei Neutronen frei werden.) „Vielleicht kannst Du irgend eine phantastische Erklärung vorschlagen", schrieb Hahn am 19. Dezember an seine Mitarbeiterin Lise Meitner, die wenige Monate zuvor nach Schweden emigriert war. Tatsächlich erkannte sie zusammen mit ihrem Neffen Frisch, dass die Uran-Kerne gespalten worden waren, wobei gemäß Albert Einsteins Formel $E = mc^2$ jeweils knapp 200 Megaelektronenvolt an Bindungsenergie freigesetzt wurde. Frisch bestätigte diese Hypothese 1939 experimentell mit einer kleinen Ionisationskammer.

Weil die durch Neutronen ausgelöste Uran-Spaltung wieder Neutronen freisetzt, die weitere Uran-Kerne spalten können, entsteht unter geeigneten Bedingungen eine Kettenreaktion (darüber spekulierte Leó Szilárd schon 1933, die konkrete Möglichkeit erkannten dann Otto Frisch und Rudolf Peierls 1939 sowie auch Fermi und Joliot-Curie). Das eröffnete eine völlig neue Energiequelle. Die Ausbeute ist dabei wesentlich höher als bei chemischen Reaktionen. So kann man durch die Verbrennung von zwölf Gramm (ein Mol) Kohlenstoff einen Liter Wasser zum Kochen bringen, bei der Kernspaltung von 235 Gramm (ein Mol) Uran-235 sind es 50 Millionen Liter. Den ersten Kernreaktor baute Fermis Team im Dezember 1942 in Chicago. Inzwischen sind weltweit rund 450 Kernkraftwerke in Betrieb. Nicht nur die Katastrophen von Tschernobyl (1986) und Fukushima (2011) zeigen die Problematik dieser Technik, sondern auch die enormen Mengen an radioaktiven Abfällen.

Die entfesselten Kräfte

Wahrscheinlich war keine wissenschaftliche Entdeckung folgenreicher als die der Kernspaltung. Zwar wurden Erkenntnisse seit Menschengedenken für Kriegszwecke ge- beziehungsweise missbraucht, doch entfaltete die nukleare Fission eine neue destruktive Dimension: die „Atombomben". Der erste Test erfolgte am 16. Juli 1945 bei Alamogordo in New Mexico, dann kam es zum Kriegseinsatz am 6. und 9. August 1945 über den japanischen Städten Hiroshima und Nagasaki mit vielleicht einer Viertelmillion Toten sofort und später durch die Strahlenschäden. Inzwischen gefährdet ein jederzeit möglicher globaler Atomkrieg die Existenz der Menschheit – und vieler anderer Lebensformen – als Ganzes.

Mechanischer Computer: In den 1820er-Jahren versuchte der Mathematiker Charles Babbage, sein Konzept für eine analytische Maschine umsetzen zu lassen – zu komplex für die Mechaniker seiner Zeit.

Computer und künstliche Intelligenz

Rechnen war einst nicht nur Kopf-, sondern auch Fronarbeit. Mit dem Beginn der Industriellen Revolution verlangten die Konstrukteure von Dampfmaschinen, Hochöfen oder Schiffen immer öfter nach neuen präzisen Kalkulationen. Und so kam damals der Begriff des „Computers“ – des „Rechners“ – auf: eine Bezeichnung für jene Rechenknechte, die mit ihrer Kopfarbeit mehr schlecht als recht über die Runden kamen. Bis in die erste Hälfte des 20. Jahrhunderts änderte sich wenig. Zwar hatte man inzwischen einfache, mechanische Rechenmaschinen entwickelt, doch musste weiter jede Rechnung mit Hand und Hirn erledigt werden. So gab es noch in den 1930er-Jahren bei Banken, in Forschungsinstituten und in der Industrie Tausende von Menschen, die tagein tagaus multiplizierten, dividierten, potenzierten oder Ergebnisse in Rechentabellen nachblätterten, die damals ganze Buchbände füllten.

Dutzende von Forschern rätselten im Lauf der Zeit darüber, wie sie das Rechnen automatisieren könnten. Der englische Mathematiker Charles Babbage hatte sich von den automatisch arbeitenden Webstühlen und Dampfmaschinen inspirieren lassen und erarbeitete in den 1820er-Jahren ein Konzept für eine „analytical engine“ – eine „analytische Maschine“. Die Maschine sollte flexibel verschiedenste Rechenoperationen durchführen können – ganz so wie ein moderner Computer. Doch niemand war in der Lage, Babbages Maschine zu bauen. Die Feinmechanik war noch nicht weit genug entwickelt. Babbage war seiner Zeit schlicht um gut hundert Jahre voraus.

So dauerte es bis Anfang der 1930er-Jahre, bis Konrad Zuse begann, eine erste große Rechenmaschine zu bauen. Zuse studierte damals Bauingenieurwesen. Ihn langweilten die aufwendigen Berechnungen, weil sie ihn vom Wesentlichen abhielten: der Konstruktion von Brücken oder Gebäuden. „Ich war zu faul zum Rechnen und erfand den Computer“, sagt er später. Tatsächlich hatte Zuses erste Rechenmaschine, die „Z1“, schon erste Merkmale eines Computers. Zwar arbeitete sie, wie auch die handelsüblichen kleinen Rechenmaschinen damals, mechanisch. Doch ließ sie sich für verschiedene Aufgaben programmieren. Zudem verwendete sie bereits das binäre Zahlensystem, das heute jeder Computer nutzt. Beim binären Zahlensystem wird jede Zahl und damit jede Information durch eine Kombination aus Einsen und Nullen dargestellt – die Zahl Drei zum Beispiel als „0011“, die Vier als „0100“. Die Einsen und Nullen wiederum wurden in Zuses Z1 durch die „Ein“- und „Aus“-Stellung von Schaltern repräsentiert.

Doch die Mechanik machte Probleme. Zuse entschied sich deshalb, eine neue Maschine zu bauen, die mit elektromechanischen Kippschaltern, mit Relais, arbeiten sollte. Diese schalteten schneller und zuverlässiger als die alte Mechanik. Zuse begann mit der zweiten Maschine, der „Z2“ – konnte sie aber nicht fertigstellen, weil man ihn zur 1939 Wehrmacht einberief. Noch während des Krieges aber wurde er nach Berlin zurückbeordert. Das Militär hatte Interesse an der Rechenmaschine, und so konnte sich Zuse mit neuen, verbesserten Konstruktionsplänen an den Bau der „Z3“ machen. 1941 war die Maschine einsatzbereit: Zwei Kästen so groß wie Garderobenschränke mit 2000 klickenden Relais füllten das Labor.

Das Klicken der Relais

Die Z3 funktionierte und sie hatte, wie die modernen Computer auch, bereits zwei getrennte Arbeitsbereiche: ein Rechenwerk und eine Speichereinheit. Heute gilt Konrad Zuses dritte Schöpfung als erster Universalrechner der Welt. Doch blieb die Z3 letztlich unbedeutend. Wegen des Zweiten Weltkriegs war Zuses Arbeit im Ausland völlig unbekannt, zudem wurde sein Rechenautomat 1944 bei einem Bombenangriff zerstört.

Die Geburt des modernen Computers spielte sich vielmehr in den USA und in England ab. In den 1940er-Jahren arbeiteten Forscher dort ebenfalls an Rechenmaschinen. Das US-Militär suchte händeringend nach einem Apparat, der die komplexen Flugbahnen von Granaten und anderen Geschossen berechnen konnte. Den Job erledigten damals Heerscharen von Rechen-Arbeitern, die etliche Flug-

1500
1512 Entdeckung des Golfstroms
1543 Das neue Bild des Himmels
1600
1700
1712 Dampfmaschine
1753 Linnés binäre Nomenklatur
1783 Heißluftballon
1800
1837 Daguerre: Fotografie
1845 Alexander von Humboldt
1859 Darwin: Entstehung der Arten
1869 Mendelejew: Periodensystem
1886 Automobil
1900
1905 Einsteins Relativitätstheorie
1915 Wegeners Kontinentaldrift
1928 Fleming entdeckt Penicillin
1938 Kernspaltung
1941 Rechner/Künstliche Intelligenz
1953 Menschliche Genetik
1954 Solarzelle
1961 Erster Mensch im Weltraum
1973 Entdeckung von Lucy
1977 Künstliche Befruchtung
1991 Start World Wide Web
2003 Homo floriensis
2000
2010 Neue Menschenarten

bahnen für die verschiedenen Einstellwinkel eines Geschützes in Schießtabellen eintrugen. Um eine Flugbahn sauber zu bestimmen, dauerte es etwa 30 Stunden. Eine Schießtabelle wiederum konnte bis zu 1800 einzelne Flugbahnen enthalten – ein ungeheurer Aufwand.

Deshalb beauftragte 1941 die Moore-School an der University of Pennsylvania die beiden Wissenschaftler John Presper Eckert und John William Mauchly damit, eine Maschine für die Flugbahnberechnung zu bauen. Statt der klickenden Relais verwendeten die beiden Computer-Pioniere Elektronenröhren: Schaltelemente, die von einer Glasröhre umhüllt sind. Diese Röhren schalteten mehr als tausendmal so schnell wie das Relais. Das Problem: Sie waren empfindlich und fielen oft aus. Doch der Computer sollte 18 000 Röhren enthalten. Die Forscher errechneten, dass damit statistisch alle fünf Sekunden eine Röhre ausfallen würde – völlig unmöglich!

Die beiden kamen auf die Idee, die Röhren in Module zu verbauen, die sich wie Schubladen schnell herausziehen und wechseln ließen. Außerdem verdrahteten sie die Röhren so miteinander, dass der Rechner nicht komplett ausfiel, wenn eine Röhre versagte. Am 14. Februar 1947 stellten Eckert und Mauchly ihren „Electronic Numerical Integrator and Computer“ (ENIAC) der Öffentlichkeit vor. Die Medien bejubelten die ungeheure Rechenleistung: ENIAC multiplizierte in einer dreihundertstel Sekunde zwei zehnstellige Zahlen miteinander. Man spekulierte, was damit alles möglich sein würde. Vielleicht würden derartige Rechner künftig sogar die Steuererklärung machen, vermutete ein Fernsehreporter.

Zwar war ENIAC der erste rein elektrische Universalrechner, doch er hatte das Problem, dass er stets nur eine Art von Rechnungen ausführen konnte. Er ließ sich nicht ohne weiteres umprogrammieren: Für jede neue Aufgabe mussten der Schaltungsaufbau geändert und Leitungen umgesteckt werden. Die Trennung von Rechner und Speicher, wie Zuse sie in seiner Z3 verwirklicht hatte, fehlte ENIAC. Erst mit der Hilfe des US-Mathematikers John von Neumann gelang es, Befehle und Programme im binären Zahlencode zu speichern und zu verarbeiten, sodass der lästige Umbau für die Neuprogrammierung des Rechners entfiel. Unter dem Namen „Electronic Discrete Variable Automatic Computer“ (EDVAC) ging die Maschine 1949 in Betrieb.

Mit EDVAC nahm die Computerentwicklung in den USA an Fahrt auf. Hinzu kam eine weitere wichtige Entwicklung: die Erfindung des Transistors. Das ist ein enorm schnelles und robustes Schaltelement, das die empfindlichen Elektronenröhren ersetzt – und bis heute die „An“- und „Aus“-Signale des binären Codes schaltet. Die beiden ersten funktionsfähigen Transistoren wurden 1945 zeitgleich und unabhängig voneinander von einem deutschen und einem US-amerikanischen Forscherteam entwickelt.

Können Maschinen denken lernen?

Doch trotz leistungsfähiger Transistoren, mit denen die Computer immer schneller schalten und rechnen konnten, blieben die Maschinen lange Zeit bloße Rechenknechte. Ganz gleich, welches Ergebnis sie auswarfen – Wettervorhersagen, Konstruktionszeichnungen oder Bilder: Alles war das Resultat von Rechenoperationen. Intelligenz ließ sich den Apparaten nicht zuschreiben – zumindest jene von Art Intelligenz, wie sie der englische Mathematiker und Informatiker Alan Mathison Turing 1950 postuliert hat.

Turing stellte die Frage, ob es möglich sei, dass eine Rechenmaschine ein dem Menschen ebenbürtiges Denkvermögen erreichen könne. Er dachte sich dazu einen zunächst simpel erscheinenden Maschinen-Intelligenz-Test aus: Ein Mensch kommuniziert per Tastatur mit zwei Gesprächspartnern, die er nicht sehen oder hören kann. Einer davon ist ein Mensch, der andere ein Computer. Beide sollen ihr Gegenüber durch sinnvolle Antworten davon überzeugen, dass sie der Mensch sind. Wenn es dem Computer in mehr als 30 Prozent der Unterhaltungen gelingt, seine Gesprächspartner zu foppen, gilt der Test als bestanden.

Bis heute gilt der Turing-Test als ein Heiliger Gral der Künstlichen Intelligenz, weil bislang keine Maschine in der Lage ist, dem Menschen auf alle erdenklichen Fragen ausreichend klug zu antworten. Es gibt nur eine Ausnahme: Überraschend gelang es 2014 einem russisch-ukrainischen Wissenschaftlerteam, mit einem Computerprogramm einen Wert von 33 Prozent zu erreichen. Damit waren sie die ersten Forscher, die den Turing-Test offensichtlich bestanden hatten. Doch die Fachwelt kritisierte anschließend, dass der Erfolg nicht allein auf der Intelligenz des Computers beruhe. Das Programm gab sich als 13-jähriger Ukrainer aus, der Englisch sprach. Das habe die Ergebnisse verzerrt, sagten die Kritiker, denn damit hätten die Fragesteller dem Programm fehlerhafte Antworten verziehen – in der Annahme, dass sie auf das fehlende Weltwissen des Jungen oder sprachliche Unsicherheiten zurückzuführen seien. Insofern gilt der Turing-Test vielen Experten bis heute als nicht bestanden.

Doch Turing-Test hin oder her – Computer zeigen schon seit Längerem so etwas wie intelligentes Verhalten. In den 1990er-Jahren etwa galt in Sachen Künstlicher Intelligenz das Schachspiel als das Maß aller Dinge. Man hatte das Ziel, eine Maschine zu bauen, die den amtierenden Schachweltmeister schlagen sollte. Was man lange für unmöglich hielt, gelang im Februar 1997 einem Technologen-Team der Computerfirma IBM mit ihrem Parallelrechner „Deep Blue". In seinem Inneren analysierten 216 Prozessoren gleichzeitig vor jedem Zug 126 Millionen mögliche Stellungen. Deep Blue war mit dem Wissen von Schachexperten gefüttert worden, zudem hatte man etliche Schachpartien mit allen Spielzügen eingespeist. Das war genug Munition, um den damals amtierenden Schachweltmeister Garri Kasparow zu schlagen. Was Deep Blue so erfolgreich machte, war aber nicht Intelligenz im Sinne Turings, sondern einmal mehr ungeheure Rechenkraft.

Einen großen Schritt weiter sind die Entwickler des Computers „Alpha Go" gegangen. Das ist das Computerprogramm der US-Informatik-Firma DeepMind – einer Tochter des Internetkonzerns Google –, das ausschließlich das asiatische Brettspiel Go beherrscht. Eine Unterhaltung wie beim Turing-Test könnte man mit ihm nicht führen. Dafür aber spielt die Software Go tatsächlich mit verblüffender Intelligenz – und vermag seine Gegner sogar mit überraschenden Zügen ins Straucheln zu bringen. Das Go-Spiel ist deutlich komplexer als Schach. Das Brett hat mehr Felder, deutlich mehr Kombinationen sind möglich. 2015 geschah das Unfassbare: Alpha Go schlug den mehrfachen Europameister Fan Hui, im März 2016 sogar den weltbesten Go-Profi Lee Sedol aus Südkorea. Was Systeme wie Alpha Go so intelligent macht, sind die neuesten Konzepte der Künstlichen Intelligenz: das maschinelle Lernen und die sogenannten tiefen neuronalen Netze – Technologien, die der Funktionsweise des Gehirns nachempfunden sind und eine Maschine tatsächlich zum echten Lernen befähigen. Bei diesen Verfahren wird ein Computerprogramm anfangs mit Trainingsdaten gefüttert.

Die Großväter der Computer: Die elektronische Großrechenanlage ENIAC wurde 1945 an der University of Pennsylvania von John Eckert und John Mauchly gebaut.

Alpha Go lernte zunächst aus einer Datenbank, die mehrere Millionen Spielzüge enthielt, den Zug des Gegners vorherzusagen – und darauf entsprechend zu reagieren.

Für das Spiel gegen einen Profi aber reichte das noch nicht. Deshalb wurde das Programm weiter mit Verfahren des maschinellen Lernens perfektioniert. Solche Verfahren befähigen einen Computer dazu, Fehler selbst zu erkennen und von allein immer besser zu werden. Zusätzlich kann der Mensch einem Programm Rückmeldung geben, ob es eine Aufgabe richtig erfüllt hat oder nicht. Um den Verstand von Alpha Go zu schärfen, setzten die Forscher eine ganze Reihe solcher Lern-Werkzeuge ein.

Das Ergebnis: „Alpha Go" gewann 4:1 gegen Lee Sedol. Dennoch: Selbst wenn Computer heute hervorragend Go spielen können – und wenn Anfang 2017 im Poker die nächste Bastion menschlicher Spielraffinesse im Wettstreit gegen eine darauf spezialisierte Software fiel: Rechenmaschinen werden die menschliche Intelligenz wohl auch in nächster Zeit nicht übertreffen können.

Die Doppelhelix des Lebens: James Watson und sein Kollege Francis Crick entschlüsselten in den 1950er-Jahren die Molekularstruktur der DNA.

Die DNA und die Gene

Die DNA: In diesem langen Molekül steckt die genetische Information, dort ist beispielsweise unsere Augenfarbe festgelegt. Die Abkürzung steht für Desoxyribonukleinsäure; das englische A für Acid hat weithin das deutsche S für Säure abgelöst. Die DNA steckt im Zellkern und ist bei Menschen auf 46 Bündel verteilt: die Chromosomen. 23 stammen von der Mutter, 23 vom Vater. Die bekanntesten Chromosomen X und Y legen das Geschlecht eines Menschen fest: Frauen tragen die Kombination XX, Männer XY.

So viel war bekannt, als sich die beiden Biologen James Watson und Francis Crick an der University of Cambridge 1951 kennenlernten und kurz darauf ein Büro teilten. Nicht wirklich geklärt war hingegen, wo genau die genetische Information zu finden ist. Die DNA galt vielen Forschern als zu schlicht, um eine Blaupause für die komplexen Abläufe im Körper zu liefern. Sie enthält bloß vier Typen von Basen: Adenin, Cytosin, Guanin und Thymin. Die Proteine, aus denen die Chromosomen ansonsten bestehen, zogen mehr Aufmerksamkeit auf sich. Proteine werden aus einigen Dutzend oder sogar einigen Tausend Aminosäuren zusammengesetzt und sind entsprechend komplexe Knäuel.

Doch als Watson und Crick die dreidimensionale Struktur der DNA entschlüsselten, stießen sie die Tür zu einer neuen Genetik auf. Bald wurde klar, wie die genetischen Informationen vom DNA-Strang abgelesen werden – wie also die Gene das Leben steuern. Die Information steckt in der Abfolge der vier Basen; sie bildet den Code, nach dem der Körper aufgebaut ist. Mit der Zeit lernten Forscher, die DNA zu lesen, sie zu verändern und sogar künstlich zu zusammenzusetzen. Und mit den technischen Möglichkeiten wuchs auch die Verantwortung.

Ein Foto brachte Watson und Crick auf die richtige Spur: eine Röntgenaufnahme des DNA-Moleküls. Solche Aufnahmen zeigen Muster, aus denen Forscher errechnen können, wie die Atome des Moleküls angeordnet sind. Das Foto stammte allerdings nicht von Watson und Crick, sondern von der Chemikerin Rosalind Franklin aus London. Ihr Kollege Maurice Wilkins, mit dem sie sich nicht besonders gut verstand, hatte es ohne ihr Wissen an Watson und Crick weitergereicht.

Die beiden Biologen Watson und Crick nutzten ihre Chance und veröffentlichten im April 1953 einen Artikel im britischen Wissenschaftsmagazin „Nature“: Auf gerade einmal einer Seite beschrieben sie korrekt, dass die DNA wie eine verdrillte Strickleiter aussieht. Zwei Stränge werden durch Sprossen verbunden und schrauben sich nach oben. Ein Strang, der eine Schraubenlinie zieht, wird „Helix“ genannt – die DNA hat demnach die Form einer Doppelhelix. Der Abstand zwischen den Sprossen beträgt jeweils einen Drittel Milliardstelmeter. Weil im Zellkern sechs Milliarden Sprossen stecken – drei Milliarden von jedem Elternteil – ist der komplette DNA-Strang zwei Meter lang. Neun Jahre nach der Publikation erhielten die drei beteiligten Männer Watson, Crick und Wilkins den Nobelpreis für Medizin.

Zwei Meter lang ist die Erbinformation

Die Sprossen der Doppelhelix werden jeweils von zwei zueinander passenden Basen gebildet: Adenin verbindet sich mit Thymin und Cytosin mit Guanin. Einer der beiden Stränge trägt die genetische Information. Weil die vier Basen durch die Buchstaben A, C, G und T abgekürzt werden, bildet das Erbgut einen langen Buchstabencode. Die drei Milliarden Buchstaben des Strangs wurden lange Zeit als „Buch des Lebens“ bezeichnet.

Immer drei Buchstaben stehen für eine bestimmte Aminosäure, und aus den Aminosäuren setzen sich die Proteine zusammen, die im Körper wichtige Aufgaben übernehmen. Wenn der DNA-Strang abgelesen wird, fügt die Zelle laut genetischem Plan eine Aminosäure an die nächste. Die Abfolge G-A-T-A-C-A würde zum Beispiel zur Kombination von Asparaginsäure (für G-A-T) und Threonin (für A-C-A) führen. Und wenn sich die Zelle teilt, spaltet sie die Doppelhelix auf und fügt an jede Base das passende Gegenstück an, bis sich zwei neue Stränge gebildet haben und die DNA in doppelter Version vorliegt.

Schock für den Westen: Sputnik 1 fliegt im Oktober 1957 in das Weltall. 23 Tage sendet der 58 Zentimeter große Aluminiumball Funksignale zur Erde – ein Triumph für die Sowjetunion.

Die Exploration des Sonnensystems

Der Weltraum beginnt definitionsgemäß 100 Kilometer über der Erdoberfläche. Diese Höhe erreichte erstmals eine deutsche V-2-Rakete am 20. Juni 1944. Bald darauf wurden Tiere auf suborbitalen Flügen ins All geschossen und kehrten lebend zurück: Fruchtfliegen (1947) und ein Hund (1951). Doch zu einem Orbit um die Erde – das heißt zu einem Satelliten, wie ihn schon Isaac Newton diskutiert und Konstantin Ziolkowski 1903 theoretisch berechnet hatte – war es noch ein schwieriger technischer Weg. Das gelang erst am 4. Oktober 1957 mit Sputnik 1.

Sputnik (russisch für „Begleiter" oder „Trabant") hießen die ersten zehn Satelliten, die von Baikonur in Kasachstan gestartet worden waren. Sie legten die Grundlagen für das sowjetische Raumfahrtprogramm – Sputnik 4, 5, 6, 9 und 10 dienten bereits der Vorbereitung für bemannte Flüge – und markierten den Beginn des Wettlaufs zwischen der ehemaligen UdSSR und den USA zum Mond. Sie initiierten auch große technologische, wissenschaftliche und politische Entwicklungen bis hin zu dem auf Interkontinentalraketen mit Nuklearwaffen gestützten „Gleichgewicht des Schreckens".

Sputnik basiert hauptsächlich auf den Ingenieursleistungen von Sergei P. Korolev und Mstislaw W. Keldysch. Die 58 Zentimeter große und 83,6 Kilogramm schwere Hohlkugel aus einer Aluminium-Legierung enthielt nur wenige Mess- und Kommunikationsgeräte. Von einer unter Walentin P. Gluschko entwickelten 27,5 Meter hohen und 272 Tonnen schweren Trägerrakete wurde Sputnik ins All befördert: auf einen elliptischen Orbit in 228 bis 947 Kilometer Höhe und einer Umlaufzeit von 96,17 Minuten. Sputniks Radiosignal besaß mit 20 und 40 Megahertz eine Frequenz, die von Kurzwellenradios und Amateurfunkern überall auf der Welt empfangen werden konnte.

Die Piepstöne zogen die Vorstellungskraft der Menschen in Bann. „In den USA ließen sie den unsichtbaren Sendboten einer potentiell feindlichen Nation sehr real und nahe erscheinen", schrieb die New York Times.

Nicht einmal einen Monat später, am 3. November 1957, folgte der 508 Kilogramm schwere Sputnik 2, in dem die Hündin Laika als erstes Tier in einen Erdorbit gelangte. Seitdem wurden über 6600 Satelliten gestartet – rund 1000 sind noch in Betrieb.

Die weitere Exploration des Sonnensystems erfolgte rasch – auch in internationalen Kooperationen. Es waren sowjetische Sonden, die zuerst die Erdanziehungskraft überwanden und zum Mond flogen (Luna 1, 1959), seine Rückseite fotografierten (Luna 3, 1959), auf ihm hart und weich landeten und in einen Orbit einschwenkten (Luna 2, 1959, Luna 9 und 10, 1966) und automatisch Bodenproben zur Erde brachten (Luna 16, 1970), an der Venus vorbeiflogen sowie auf ihr erst hart, dann weich landeten (Venera 1, 3 und 7, 1961, 1966 und 1970).

Der Mars im Zentrum des Interesses

Beim Mars war vor allem die USA erfolgreich mit dem ersten Vorbeiflug (Mariner 4, 1965), dem ersten Orbiter (Mariner 9, 1971), den ersten Landungen (Viking 1 und 2, 1976) sowie Roboterfahrzeugen (Mars Pathfinder, 1997). Auch Merkur (Mariner 10, 1974; Messenger landete 2015 hart) und alle äußeren Planeten wurden von amerikanischen Sonden besucht, Pioneer 10 und 11 passierten erstmals Jupiter und Saturn (1972 und 1979) und verlassen inzwischen das Sonnensystem wie auch Voyager 1 und 2 (letztere besuchte 1986 Uranus und 1989 Neptun). Galileo (1995 bis 2003) und Juno (ab 2016) wurden in Jupiter-Umlaufbahnen gebracht, Cassini (2004 bis 2017) in Saturn-Orbits, wobei die mitgeführte Sonde Huygens auf dem Saturnmond Titan weich landete (2005). New Horizons flog an Pluto und Charon vorbei (2015) und erkundet nun den Kuiper-Gürtel.

Von praktischer Bedeutung wird die Raumfahrt spätestens, wenn ein Erdbahnkreuzer abgelenkt werden muss. Schon ein 100 Meter großer Meteorit kann gewaltige Schäden anrichten, wenn er auf die Erde trifft, einer mit zehn Kilometer Durchmesser würde ein Massenaussterben verursachen – und wohl das Ende unserer Zivilisation bedeuten.

Der erste Laser der Welt: Nahaufnahme der Laser-Vorrichtung, die der US-Physiker Theodore Maimann schuf. Der Versuchsaufbau stammt aus dem Mai 1960. Zur Anregung der Strahlung diente ihm ein roter Rubin.

Die Erfindung des Lasers

Laser sind Multifunktionswerkzeuge, eine Art Hightech-Variante des Schweizer Taschenmessers. Sie schneiden Stahl, tasten DVDs ab und schicken Datenpakete in Form ultrakurzer Lichtblitze durch die Glasfaserkabel des Internet. Von allen diesen Anwendungen ahnte man Ende der 1950er-Jahre noch nichts. Damals war ein Wettrennen um die Erfindung des Lasers entbrannt, ein Wettrennen um Ruhm und ein Wettrennen zwischen den USA und der Sowjetunion. Noch wusste niemand, wozu der Laser eigentlich gut sein sollte. Dennoch arbeiteten weltweit Forscher-Teams daran, jenen fast schon mystischen Lichtstrahl aufleuchten zu lassen, den Albert Einstein bereits 1916 postuliert hatte.

Der hatte über das Wesen des Lichts sinniert. Er wusste, dass Licht einen Teilchencharakter besitzt – aus Lichtpartikeln besteht, die von Atomen ausgesendet und heute als Photonen bezeichnet werden. Atome lassen sich durch Energiezufuhr anregen. Die Atome erreichen dadurch ein höheres Energieniveau, aus dem sie spontan wieder zurückspringen können. Dabei wird die Energie in Form eines Photons wieder frei. Einstein spann diesen Gedanken weiter: Was würde geschehen, wenn man ein bereits angeregtes Atom zusätzlich anregen würde, indem man es mit einem Photon beschießt? Er folgerte, dass das Atom dann zwei Photonen abgeben müsse. Und deren Eigenschaften müssten jenen des aufgenommenen Photons gleichen. Das bedeutete nichts anderes als eine gewaltige Kettenreaktion: Ein angeregtes Atom würde zwei andere Atome anregen, aus zwei würden vier, aus vier würden acht und so weiter. Ein enorm energiereicher Lichtstrahl würde entstehen!

Es dauerte gut 40 Jahre, bis die Wissenschaft endlich soweit war, die „stimulierte Emission" Realität werden zu lassen. In den USA forschten vor allem die Physiker Charles H. Townes und Arthur L. Schawlow an dem Phänomen. Es gelang den beiden Forschern, Ammoniak-Moleküle zur stimulierten Mikrowellen-Emission anzuregen und eine Art Mikrowellenverstärker zu bauen, den sie in Anlehnung an Einsteins Formulierung Maser („Microwave Amplification by Stimulated Emission of Radiation") nannten. Der nächste Schritt, so Townes damals, sei nun der „Laser", eine Abkürzung für „Light Amplification by Stimulated Emission of Radiation". Damit war der Begriff in der Welt, bevor es den Laser überhaupt gab. Während Townes und Schawlow in den USA forschten, versuchten am Lebedew-Institut für Physik in Moskau die Physiker Aleksandr Prochorow und Nikolaj Bassow das Maser-Prinzip auf sichtbares Licht zu übertragen.

Schlammschlacht um den Ruhm

Am Ende war es der US-amerikanische Physiker Theodore Harold Maiman, der den ersten Laser mit einer genial einfachen Konstruktion zündete. Er hatte errechnet, dass das Mineral Rubin ideal wäre, um für die Kettenreaktion angeregte Atome in ausreichender Menge zu erzeugen. Er kaufte einen fingerdicken Rubinstab und baute ein verspiegeltes Gehäuse. Die Rubin-Atome regte er mit einem starken Foto-Blitz an. Am 16. Mai 1960 setzte er die Apparatur in Gang: Mit jedem Blitz, den die Lampe in den Laser schoss, jagte ein strahlend heller Laserstrahl aus der Apparatur heraus. Der Laser war geschaffen! Wohlwissend, dass ihm andere Forscher auf den Fersen waren, fasste er seine Ergebnisse in einer Veröffentlichung zusammen. Doch die Fachmagazine zeigten kaum Interesse Deshalb entschloss sich Maimans Arbeitgeber – das kalifornische Luftfahrtunternehmen Hughes Research Laboratories –, eine Pressekonferenz zu veranstalten, um den Erfolg an die Öffentlichkeit zu bringen. Der Beginn einer Schlammschlacht: Townes und die beiden Russen reklamierten den Erfolg für sich. Ihre mächtigen Institute machten sich für sie stark – mit Erfolg. 1964 erhielten sie für ihre Maser-Forschung den Nobelpreis. Maiman ging leer aus. Erst später wurde ihm Ruhm zuteil. 1984 wurde er für die Erfindung des Rubin-Lasers in die US-amerikanische National Inventors Hall of Fame aufgenommen.

Wichtige Quelle: http://www.jeffhecht.com/pioneers.html

„Ein kleiner Schritt für den Menschen ...": Die Mondlandung markiert den ersten Sprung der Menschheit hinaus zu anderen Himmelskörpern. Es war auch ein politischer Erfolg: der Sieg der USA über die Sowjetunion im „Space Race".

Raumfahrt: Menschen verlassen die Erde

„Die Erde ist die Wiege der Menschheit, aber der Mensch kann nicht ewig in der Wiege bleiben", sagte der Raumfahrtpionier Konstantin Ziolkowski. Inzwischen versucht unsere Spezies zaghaft, ein wenig aus der Wiege zu krabbeln. Juri Gagarin war der erste Mensch im Weltraum; er startete am 12. April 1961 mit der Rakete Wostok 1 und umrundete einmal die Erde. Ihm folgten Alan Shepard am 5. Mai 1961 mit einem suborbitalen Parabelflug (Mercury-Redstone 3) und, wieder orbital, German Titow am 6. August 1961 (Wostok 2) sowie John Glenn am 20. Februar 1962 (Mercury-Atlas 6). Die erste Frau im All war Walentina Tereschkowa am 16. Juni 1963 mit Wostok 6. Alexei Leonow verließ am 18. März 1965 erstmals ein Raumschiff und schwebte im Raumanzug zwölf Minuten lang schwerelos neben Woschod 2. Seither haben über 200 Menschen „Weltraumspaziergänge" unternommen, viele mehrfach, Anatoli Solowjow 16 (von der Raumstation Mir aus 77 Stunden und 41 Minuten). Am längsten dauerte ein Ausstieg von James Voss und Susan Helms (8 Stunden und 56 Minuten am 11. März 2001 bei Arbeiten an der Internationalen Raumstation ISS).

Im Dezember 1968 umrundeten Frank Borman, Jim Lovell und William Anders mit Apollo 8 zehnmal den Mond. Am 21. Juli 1961 um 2.56 Uhr Weltzeit betraten ihn Neil Armstrong and Buzz Aldrin im Mare Tranquillitatis (Apollo 11). Zwölf US-Amerikaner landeten bei sechs Apollo-Missionen auf dem Erdtrabanten, Eugene Cernan war am 14. Dezember 1972 der letzte (Apollo 17). Mit Harrison Schmitt verbrachte er die längste Zeit dort: fast 75 Stunden, davon über 22 Stunden außerhalb des Raumschiffs.

Bis September 2017 waren 557 Menschen im Weltraum (zusammen über 50 000 Tage), davon viele mehrfach: darunter 341 Astronauten der USA und 124 Kosmonauten der Sowjetunion beziehungsweise Russland. 39 Europäer flogen mit (davon 11 Deutsche) und 11 Japaner; China hat selbständig 11 Taikonauten in sechs Raketen befördert. Die meisten Raumflüge, je sieben, absolvierten Franklin Chang-Diaz und Jerry L. Ross. Den Rekord des längsten Flugs (437,7 Tage ab 8. Januar 1994 an Bord der Mir-Station) hält Waleri Poljakow, Gennadi Padalka den mit dem längsten Gesamtaufenthalt (878,5 Tage bei fünf Flügen 1998 bis 2015, insgesamt rund 600 Millionen Kilometer). Im Oktober 1964 befanden sich in Woschod 1 zum ersten Mal zwei Menschen gleichzeitig im All; maximal waren 13 simultan im Erdorbit (zuerst im März 1995 und noch fünfmal, im Juli 2009 alle zusammen in der ISS). Mit Wostok 3 und 4 flogen im August 1962 erstmals zwei Raumschiffe zugleich, mit Sojus 6, 7 und 8 dann sogar drei im Oktober 1969.

Am weitesten draußen flog Apollo 13

Jim Lovell, Fred Haise und Jack Swigert haben sich am weitesten von der Erde entfernt (400 171 Kilometer am 15. April 1970 mit Apollo 13). Die größte Distanz auf einem nichtlunaren Flug erreichten Charles Conrad und Richard F. Gordon (1369 Kilometer mit Gemini 11 am 14. September 1966). Am schnellsten relativ zur Erde waren Thomas Stafford, John W. Young und Eugene Cernan (39 897 Kilometer pro Stunde oder 0,0037 Prozent der Lichtgeschwindigkeit mit Apollo 10 am 26. Mai 1969). 22 Raumfahrer starben an Bord ihrer Raumschiffe, über 100 weitere bei Tests oder im direkten Zusammenhang mit der Raumfahrt. Vor der ISS befanden sich sechs bemannte Saljut-Stationen im Orbit, gestartet zwischen 1971 und 1982, sowie Skylab, 1973 insgesamt 171 Tage lang bemannt, und Mir, die von 1986 bis 1996 insgesamt 4592 Tage lang besetzt war. Das 1981 begonnene Programm der wiederverwendbaren Space Shuttles (135 Orbitalflüge, darunter 22 Spacelab-Missionen ab 1983) wurde 2011 beendet. Seither können nur zwei Nationen Menschen in Erdorbits bringen: Russland (Sojus-Programm) und China (Shenzhou-Programm, erster Start am 15. Oktober 2003 mit Yang Liwei); die USA wollen ab 2023 wieder fliegen. In der ISS sind Menschen seit dem 31. Oktober 2000 im erdnahen Weltraum präsent. Der erste Weltraumtourist dort war 2001 Dennis Tito, bis 2009 folgten noch sechs weitere Selbstzahler, die bis zu 40 Millionen Dollar ausgaben.

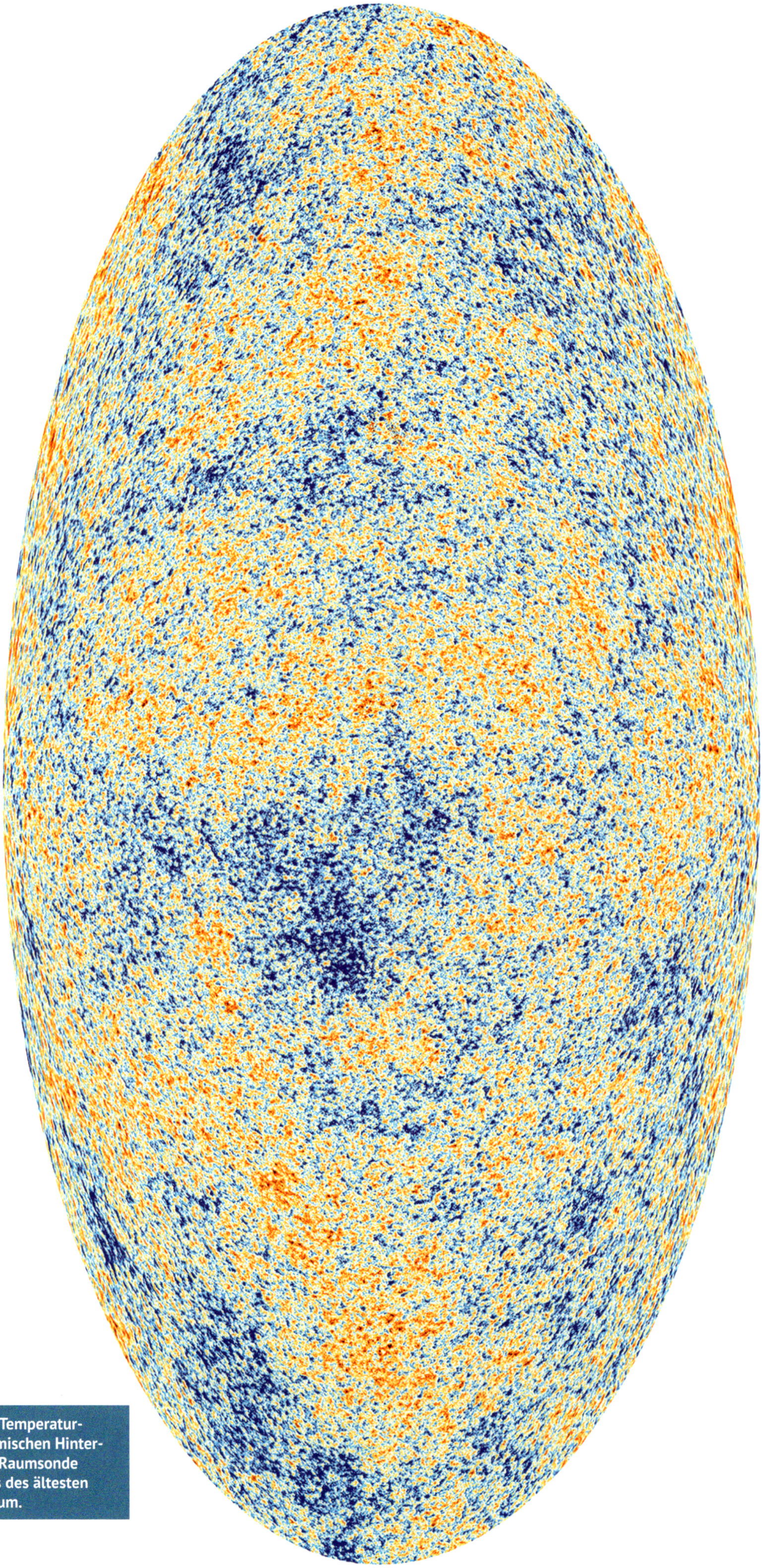

Ein Satellit gibt Auskunft: Temperaturschwankungen in der Kosmischen Hintergrundstrahlung durch die Raumsonde Planck. Ein Schnappschuss des ältesten Lichts in unserem Universum.

Das Nachleuchten des Urknalls

„Ich hatte schon immer ein klares Ziel: Ich will herausfinden, wie das Universum funktioniert und warum es überhaupt existiert", sagte Stephen Hawking. Tatsächlich hat der berühmte Physiker von der Cambridge University wie nur wenige dazu beigetragen, zumindest Teilantworten auf diese grundlegenden Fragen zu finden. Und er weiß: „Zum Glück gibt es überall Hinweise. Der wichtigste befindet sich direkt über unseren Köpfen." Dieses Indiz ist der Kosmische Mikrowellen-Hintergrund.

Vor 13,8 Milliarden Jahren entstand unser Universum mit dem Urknall und dehnte sich rasant aus. 100 000 Jahre danach war jede Stelle im Weltraum noch immer heißer als die Sonnenoberfläche. Erst als die Temperatur unter 4000 Grad Celsius fiel, konnten die herumflitzenden Elektronen von den Atomkernen eingefangen werden. So bildeten sich die ersten Atome. Zugleich wurde das Universum durchsichtig, das Licht hatte jetzt freie Bahn. Zuvor war es ständig von der Materie gestreut, verschluckt und wieder ausgestrahlt worden – wie jetzt noch im Inneren der Sterne, in denen es über 100 000 Jahre braucht, bis es vom Zentrum an die Oberfläche gelangt.

Dieses allererste Licht durchflutet als Kosmische Hintergrundstrahlung bis heute den Weltraum: Etwa 440 Photonen befinden sich gegenwärtig in jedem Kubikzentimeter. Diese Lichtteilchen wurden rund 380 000 Jahre nach dem Urknall freigesetzt. Inzwischen haben sie nur noch die Energie von Mikrowellen, also von kurzwelliger Radiostrahlung. Man würde verhungern, wollte man damit seine Suppe aufwärmen. Denn heute ist diese Strahlung minus 270 Grad Celsius kalt. Das also ist die Temperatur des Weltraums. (Viel kälter geht es kaum noch, denn bei minus 273,15 Grad, dem Absoluten Nullpunkt, ist Schluss.) Die Hintergrundstrahlung trägt übrigens zu dem charakteristischen Rauschen der Fernsehbildschirme bei – oder tat es jedenfalls, als es noch Antennenempfang und einen Sendeschluss gab.

Der Kosmische Mikrowellen-Hintergrund zählt neben dem Nachweis des expandierenden Weltraums und den Erkenntnissen der Teilchenphysik zu den wichtigsten Indizien für den Urknall. Tatsächlich hatten Wissenschaftler wie George Gamow, die für die Urknall-Theorie argumentierten, die Existenz der Hintergrundstrahlung schon vorausgesagt, bevor sie 1964 von den amerikanischen Physikern Arno Penzias und Robert Wilson erstmals gemessen wurde. Der Himmel verkündet also selbst, wie er entstanden ist.

Und es kommt noch besser: In diesem Nachhall vom Urknall sind schemenhafte Nachrichten verborgen. Die Hintergrundstrahlung ist nämlich nicht exakt gleichförmig, sondern enthält winzige, nur wenige Hunderttausendstel Grad messende Temperaturschwankungen. Sie bilden ein Fleckenmuster, das Unregelmäßigkeiten in der Urmaterie widerspiegelt: Wo es in der Hintergrundstrahlung kühler ist, gab es einst etwas mehr von dem heißen Plasma. Aus diesen Verdichtungen sind im Lauf der Jahrmilliarden die großräumigen Strukturen im All entstanden. Die Hintergrundstrahlung liefert gewissermaßen ein Babyfoto des jungen Universums – und die Temperaturunterschiede bilden die Keimzellen der späteren Galaxien und Galaxienhaufen ab.

Kosmologische Detektiv-Arbeit

Das Verteilungsmuster der Temperaturdifferenzen gleicht einem Fingerabdruck. Kosmologen sind wie Detektive, die damit einen Steckbrief unseres Universums erstellen können. Anhand des Musters lassen sich die fundamentalen Kenngrößen des Alls errechnen: sein Alter, seine Dichte, seine Zusammensetzung, seine Ausdehnungsrate und so weiter.

Diese Informationen sind äußerst wichtig, um kosmologische Hypothesen zu formulieren und zu testen. Auch Stephen Hawking und seine Kollegen mischen in diesem Wettstreit der konkurrierenden Weltmodelle munter mit. Noch sind nicht alle subtilen Details der Hintergrundstrahlung bekannt. Die Forscher versuchen daher, aus ihren Ideen Voraussagen abzuleiten, die Messungen künftig überprüfen können. Tatsächlich sind viele Modelle auf diese Weise bereits widerlegt worden. Doch die Suche geht weiter.

Ersehnte Spur: Die Suche nach dem Higgs-Teilchen beschäftigte die Wissenschaft seit Jahrzehnten. 2012 gelang endlich der Nachweis des flüchtigen Quants durch die Analyse von Myriaden von Zerfallsspuren nach Teilchenkollisionen.

Quarks, Higgs & Co.

Wenn in einer Naturkatastrophe alles wissenschaftliche Wissen zerstört würde und nur ein Satz an die nächste Generation von Lebewesen weitergegeben werden könnte, welche Aussage hätte dann den größten Informationsgehalt mit den wenigsten Worten?" Diese Frage hat der Physiker Richard Feynman in einer seiner berühmten Vorlesungen gestellt. Und er schlug auch gleich eine Antwort vor: „Ich bin davon überzeugt, dass dies die Atom-Hypothese ist oder die Atom-Tatsache oder wie immer man es auch nennen mag: dass alle Dinge aus Atomen aufgebaut sind – aus kleinen Teilchen, die sich permanent bewegen, die einander anziehen, wenn sie ein wenig voneinander entfernt sind, die sich aber gegenseitig abstoßen, wenn sie aneinander gepresst werden. In diesem einen Satz steckt eine enorme Menge an Informationen über die Welt, wenn man nur ein wenig Phantasie und Nachdenken darauf verwendet." Tatsächlich fasst dieser Satz eine der bedeutendsten Erkenntnisse der Naturwissenschaften zusammen. Die „Atom-Hypothese" hat sich als äußerst erfolgreich erwiesen, auch wenn inzwischen besser von Elementarteilchen die Rede ist (von lateinisch „elementum": Grundstoff, Urstoff) – den winzigen (kleiner als $10^{\div 19}$ Meter), fundamentalen und unteilbaren kleinsten Grundbausteinen der Materie, die alles aufbauen und nicht selbst zusammengesetzt sind.

Das Standardmodell der Elementarteilchenphysik ist eine der besten, genauesten und erklärungsmächtigsten Theorien der Menschheit. Es beschreibt alle bekannten Teilchen und Kräfte außer der Gravitation. Und es ist zusammen mit der Allgemeinen Relativitätstheorie die am besten bestätigte wissenschaftliche Theorie aller Zeiten. Es wurde in den 1960er- und 1970er-Jahren entwickelt und hat seither allen experimentellen Überprüfungen Stand gehalten; nahezu jede seiner Vorhersagen wurden bei immer höheren Energien verifiziert (und keine widerlegt), darunter auch die Entdeckung zuvor unbekannter, aber theoretisch geforderter Partikel.

Der Nachweis des Higgs-Teilchens 2012 markiert den Schlussstein. Es ist das äußerst kurzlebige Quant des Higgs-Felds, das mit den Überträgern der Schwachen und Starken Wechselwirkung im Atomkern (den W- und Z-Bosonen beziehungsweise Gluonen) sowie den Quarks wechselwirkt und diesen dabei eine träge Masse verleiht.

Es wurde 1964 von Peter Higgs vorhergesagt – im selben Jahr, in dem Murray Gell-Mann und George Zweig unabhängig voneinander die Existenz von Bausteinen der Protonen und Neutronen postulierten. Diese Quarks wurden ab 1969 nachgewiesen. Sie kommen jedoch nie allein, sondern nur zu zweit oder zu dritt vor (und zuweilen als Tetra- und Pentaquarks), weil bei ihrer Trennung so viel Energie nötig wäre, dass neue Quarks daraus entstehen. Hier endet quasi die Teilbarkeit.

Es bleiben noch Fragen offen

Im Standardmodell gibt es sechs verschiedene Quarks, drei Leptonen (das leichteste ist das Elektron) sowie drei Arten von Neutrinos – und ihre jeweiligen Antiteilchen. Aus unterschiedlichen Kombinationen dieser Partikel besteht der „Zoo" aus über 300 Teilchen, die im 20. Jahrhundert entdeckt wurden. Doch nur das Elektron und das Proton (aus zwei up- und einem down-Quark) sind stabil – und im Atomkern, aber nicht isoliert, auch das Neutron (aus zwei down- und einem up-Quark).

Allerdings kann das Standardmodell nicht das Ende der teilchenphysikalischen Fahnenstange sein. Es berücksichtigt die Gravitation nicht und lässt viele Fragen offen, zum Beispiel: Gibt es mehr Materie als Antimaterie, und warum? Lassen sich die rund drei Dutzend Naturkonstanten des Modells erklären? Sind die bekannten Partikel doch nicht elementar, sondern aus noch kleineren Entitäten zusammengesetzt (etwa Strings)? Waren die vier bekannten Naturkräfte im frühen Universum eine Einheit, sind sie fundamental, gibt es noch andere? Besteht die ominöse Dunkle Materie im All aus bislang unbekannten Partikeln? Gibt es eine „Weltformel", die sämtliche Teilchen und Kräfte und vielleicht sogar die Raumzeit erklärt?

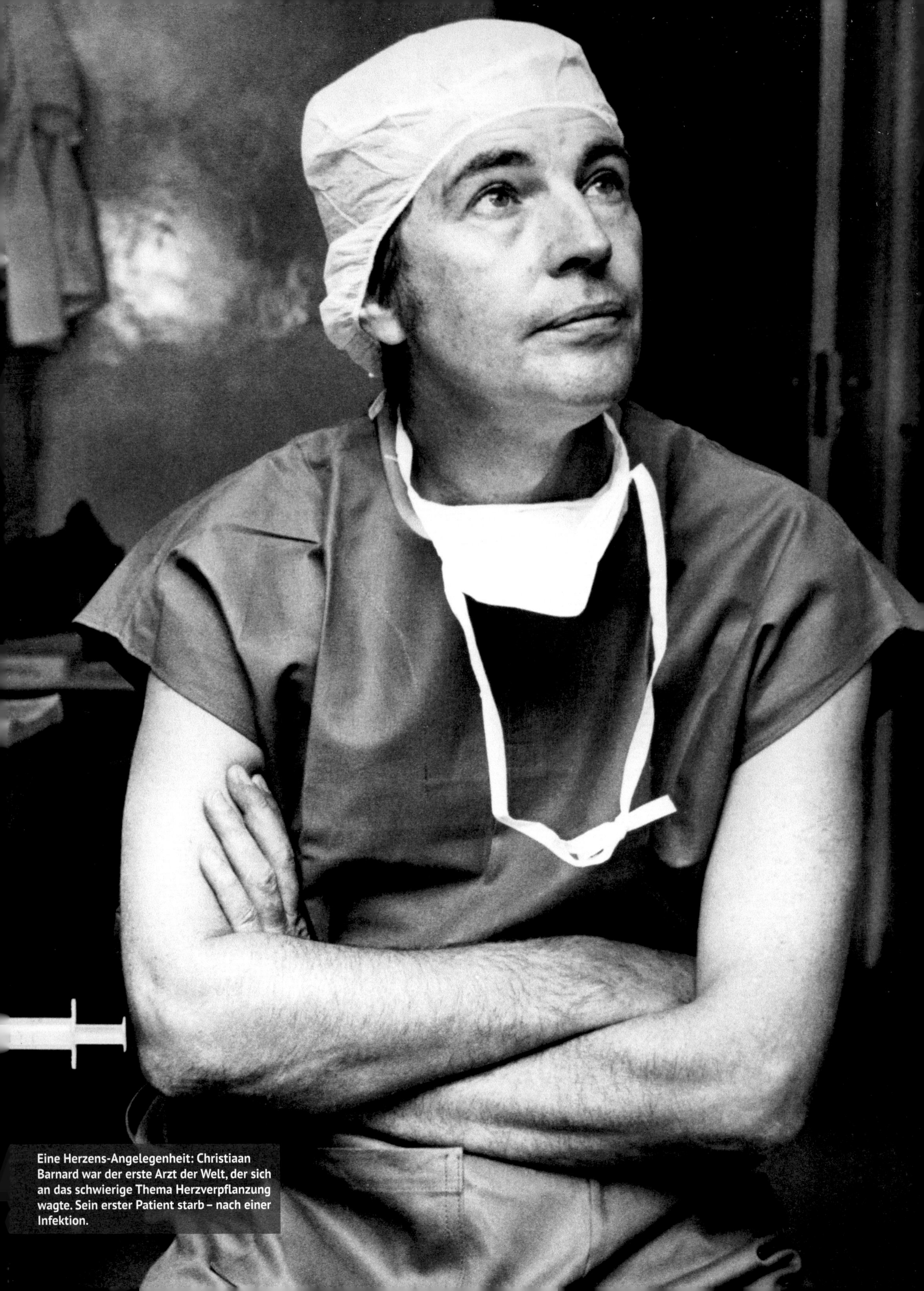

Eine Herzens-Angelegenheit: Christiaan Barnard war der erste Arzt der Welt, der sich an das schwierige Thema Herzverpflanzung wagte. Sein erster Patient starb – nach einer Infektion.

Die erste Herzverpflanzung

An einem Samstagnachmittag, dem 2. Dezember 1967, betrat Denise Darvall mit einem Kuchenpaket die Straße. Gegenüber parkte ihr neues Auto. Die 25-Jährige war gemeinsam mit ihren Eltern und ihrem Bruder auf dem Weg zu Freunden der Familie. Sie und ihre Mutter hatten nur rasch bei einer Konditorei anhalten wollen. Urplötzlich tauchte das Auto auf. Mit viel zu hoher Geschwindigkeit erfasste der betrunkene Fahrer die beiden Frauen aus Kapstadt. Der Kopf von Denise Darvall wurde bei dem Unfall so schwer verletzt, dass ein Arzt im Groote Schuur Hospital, in das die junge Frau gebracht worden war, nur noch den Hirntod feststellen konnte. Doch in der Brust von Denise schlug zu diesem Zeitpunkt noch ein junges, kräftiges Herz.

Ein paar Stationen weiter lag, ebenfalls dem Tode geweiht, der 54-jährige Gemüsehändler Louis Washkansky. Nach drei Infarkten schien es nur noch eine Sache von Tagen zu sein, bis sein Herz endgültig stillstehen würde. Doch sein Arzt, der bis dahin weitgehend unbekannte Herzchirurg Christiaan Banard, hatte schon vor Wochen einen kühnen Plan gefasst. Sobald er ein Spenderorgan finden würde, wollte der 44-Jährige eine Operation vornehmen, an die sich vor ihm noch niemand herangewagt hatte: die Verpflanzung eines menschlichen Herzens.

Am Abend dieses 2. Dezember ging daher auf einmal alles ganz schnell. Nachdem der Vater von Denise sein Einverständnis zur Organentnahme gegeben hatte, begannen Ärzte noch in der gleichen Nacht, das Herz aus dem Körper der jungen Frau zu lösen. Wenige Schritte entfernt bereiteten andere Mitglieder des eilig zusammengerufenen rund dreißigköpfigen OP-Teams derweil den schwerkranken Washkansky auf jenen Eingriff vor, der Banard über Nacht zum gefeierten Weltstar machen sollte.

Nieren und auch die eine oder andere Leber waren zuvor bereits mit Erfolg transplantiert worden. Das Herz aber galt nicht nur aus medizinischen, sondern auch aus ethisch-moralischen Gründen als ein ganz anderes Kaliber. Technisch möglich gemacht hatte den Eingriff vor allem die Entwicklung der Herz-Lungen-Maschine. Erst mit diesem Gerät ließ sich der Blutkreislauf, zumindest vorübergehend, auch ohne ein schlagendes Herz im Körper aufrechterhalten. US-Kollegen, die Banard in Operationen an Hunden die Techniken der Herztransplantation beigebracht hatten, sollen dem Südafrikaner im Jahr 1958 eine Herz-Lungen-Maschine geschenkt haben.

Neun Jahre später arbeiteten Banard und sein Team die Nacht von Samstag auf Sonntag fieberhaft durch. Am frühen Morgen des 3. Dezember, um 5.52 Uhr, war es so weit. Das Herz der toten Denise Darvall, das inzwischen mehr als drei Stunden stillgestanden hatte, lag fertig vernäht im Brustkorb von Louis Washkansky. Mit einem Defibrillator versetzte Banard dem Organ einen Stromstoß. Und das Wunder geschah: Das fremde Herz fing an, zu schlagen.

Das fremde Herz begann zu schlagen

Washkansky erholte sich ungewöhnlich schnell von der schweren Operation, bekam Besuch von seiner Familie und einem kaum enden wollenden Strom von Journalisten – was vermutlich ein Fehler war.

Denn um zu verhindern, dass sein Körper das fremde Organ abstieß, hatten die Ärzte sein Immunsystem mit Medikamenten weitgehend lahmgelegt. Der gerade erst Genesende fing sich Bakterien ein, die seine Lunge attackierten. Trotz eines massiven Einsatzes von Antibiotika starb Washkansky nur 18 Tage nach dem Eingriff, der die Welt bewegt hatte, an einer Lungenentzündung.

Mit seiner Pioniertat war Christiaan Banard den US-Kollegen – insbesondere dem Herzchirurgen Norman Shumway, von dem er fast alle Techniken übernommen hatte – nur um wenige Wochen zuvorgekommen. Am 6. Januar 1968 verpflanzte Shumway erfolgreich das zweite menschliche Herz.

Heutzutage gilt die Herztransplantation als ein Routineverfahren. Weltweit werden jährlich etwa 4000 Herzen verpflanzt. Und dank moderner Arzneien zur Hemmung des Immunsystems leben die meisten Patienten mit ihrem fremden Organ ein fast ganz normales Leben.

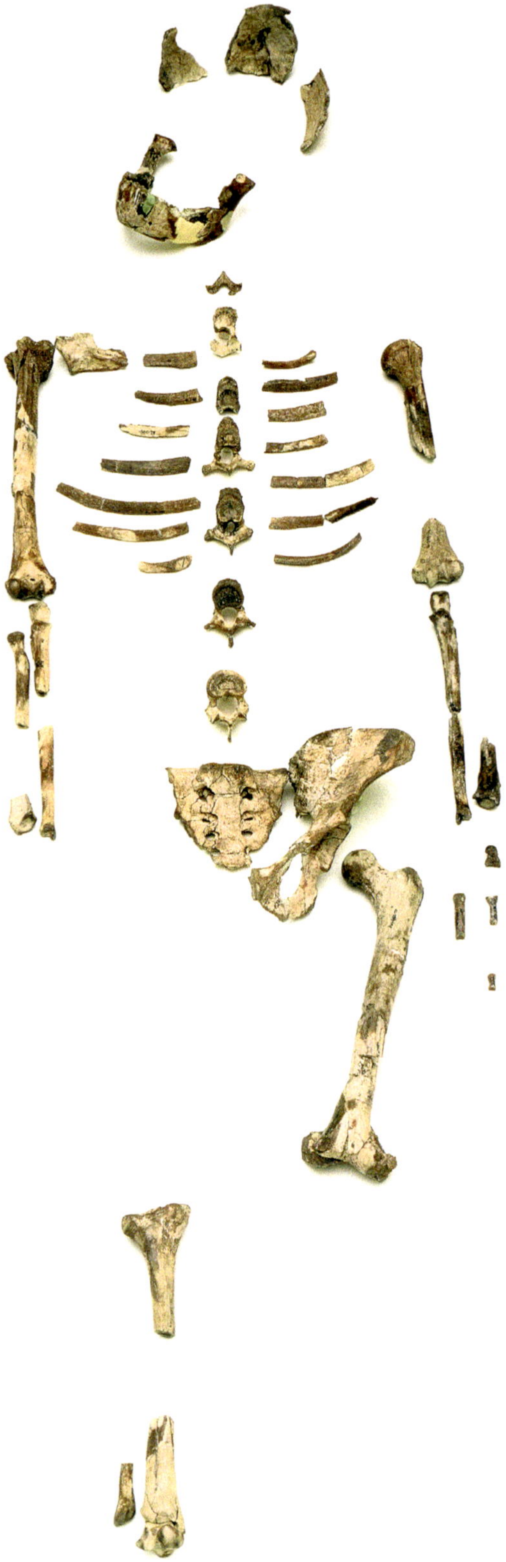

Unser aller Oma? 3,3 Millionen Jahre alt sind die Überreste, die Anthropologen vom Australopithecus afarensis in Äthiopien zwischen 1973 und 1977 ausgruben. Der Vormensch war 122 Zentimeter groß, vermutlich weiblich – und wird heute „Lucy" genannt.

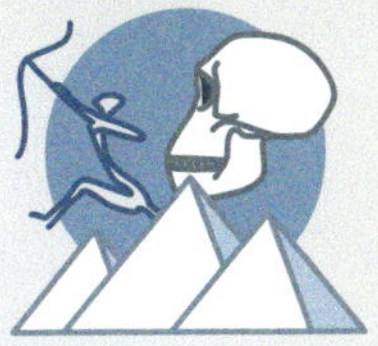

Lucy – Die älteste Dame der Welt

Der 24. November 1974 hat Wissenschaftsgeschichte geschrieben. „Die Erregung im Lager war sehr groß", schildert US-Anthropologe Donald Johanson den Abend dieses Tages. „Wir redeten und tranken ein Bier nach dem anderen. Wir hatten ein Tonbandgerät und dazu ein Band mit dem Beatles-Song „Lucy in the Sky with Diamonds". Irgendwann an diesem unvergesslichen Abend gaben wir dem Skelett den Namen ‚Lucy'."* Zusammen mit seinem Kollegen Tom Gray hatte Johanson in der Geröllwüste nahe Hadar im Afar-Gebiet, rund 160 Kilometer nordöstlich der äthiopischen Hauptstadt Addis Abeba, den Fund seines Lebens gemacht. Es war das zu etwa 40 Prozent vollständige Skelett eines 3,2 Millionen Jahre alten, noch affenähnlich wirkenden Wesens, das aber verblüffenderweise auf zwei Beinen aufrecht ging.

Die Größe der Beckenöffnung deutet darauf hin, dass es sich bei Lucy (wissenschaftliches Kürzel: AL288-1) um ein weibliches Individuum gehandelt hatte. Das erfolgreiche Forscherteam vergab für diese vormenschliche Art den Namen „Australopithecus afarensis" („Südaffe aus Afar"). Weitere Fossilienfunde sowie in Vulkanasche erhaltene Fußspuren aus Laetoli in Tansania ergänzen sich zu einer recht genauen Vorstellung über diese Spezies. Die männlichen Individuen erreichten wohl etwa 1,50 Meter Körpergröße, die weiblichen wenig mehr als einen Meter. Das Gehirnvolumen lag mit durchschnittlich 446 Kubikzentimetern leicht über Schimpansengröße.

Die Backen- und Eckzähne sind kleiner und weniger stark abgenutzt als bei anderen Australopithecus-Arten, die Schneidezähne hingegen bei erwachsenen Individuen abgeschliffen. Daraus ergibt sich das Bild eines Früchtefressers, der aber auch Nüsse und hartschalige Samen verzehrte, ferner die weicheren Teile von Blättern und Gräsern, die Lucy und ihre Artgenossen von hinten nach vorne durch die Schneidezähne zogen.

Während der Kopf mit seiner vorspringenden Schnauze sowie Oberkörper und Arme stark an die äffischen Vettern des Menschen erinnern, ähneln Becken, Beine und die relativ kurzen Zehen bereits der Gattung Homo. Lucys Spezies kletterte wohl noch häufig durch das Geäst von Bäumen, hielt sich aber auch länger am Boden auf und bewegte sich dort zweifelsfrei auf zwei Beinen fort.

Die fossilen Fußspuren zeigen, dass Australopithecus afarensis watschelnd gegangen ist: Die Kniescheiben weisen zur Körperaußenseite, damit waren keine raumgreifenden Schritte möglich. Ein Gehen und Traben in typischer Menschenart brachten erst Homo erectus und dessen afrikanische Frühform Homo ergaster zustande, vor etwa 1,8 Millionen Jahren. Lucys Art hingegen, die vor 3,8 bis 2,9 Millionen Jahren in Ostafrika existierte, war offenbar auch bezüglich der Fortbewegungsweise eine Übergangsform auf dem Weg zur Gattung Homo. „Lucys Tochter" tauften Journalisten die Fossilien eines etwa dreijährigen Australopithecus-afarensis-Mädchens, die 2006 ein Team um den äthiopischen Anthropologen Zeresenay Alemseged bei Dikika in Äthiopien fand. Auch dieses Kind konnte aufrecht gehen. Seine Schulterblätter jedoch ähneln denen eines Gorillas.

Auch Lucys Tochter ging aufrecht

2010 entdeckte ein Team um Alemseged ebenfalls bei Dikika 3,4 Millionen Jahre alte fossile Tierknochen, die Schnitt- und Schlagspuren von Steinwerkzeugen tragen. Die bislang ältesten Knochen mit Werkzeugspuren stammen aus der Nähe von Gona in Äthiopien und sind rund 2,5 Millionen Jahre alt – die Forscher schrieben sie der ersten frühmenschlichen Gattung zu, Homo rudolfensis. Die Dikika-Funde verlegen den ersten Nachweis von Werkzeuggebrauch bei Hominiden um 900 000 Jahre weiter zurück, in die Zeit der Australopithecinen.

Sollte tatsächlich bereits Lucy Fleisch von Tierkadavern gehackt haben – wenn nicht als Jägerin, dann doch vielleicht als gelegentliche Aasfresserin? Der spanische Experte Manuel Domínguez-Rodrigo hält die Ritz- und Schlagspuren an den Knochen von Dikika für Abdrücke von Krokodilgebissen.

* Quellennachweis: Donald Johanson und Maitland Edey: Lucy. Die Anfänge der Menschheit. Piper Verlag, München 1982

1500
1512 Entdeckung des Golfstroms
1543 Das neue Bild des Himmels
1600
1700
1712 Dampfmaschine
1753 Linnés binäre Nomenklatur
1783 Heißluftballon
1800
1837 Daguerre: Fotografie
1845 Alexander von Humboldt
1859 Darwin: Entstehung der Arten
1869 Mendelejew: Periodensystem
1886 Automobil
1900
1905 Einsteins Relativitätstheorie
1915 Wegeners Kontinentaldrift
1928 Fleming entdeckt Penicillin
1938 Kernspaltung
1941 Erste Computer
1953 Menschliche Genetik
1954 Solarzelle
1961 Erster Mensch im Weltraum
1973 Entdeckung von Lucy
1977 Künstliche Befruchtung
1991 Start World Wide Web
2003 Homo floriensis
2000
2010 Neue Menschenarten

Getreu bis in den Tod: Exemplare der Terrakotta-Armee bei Xi'an in China. Ihr Job: einen toten Kaiser zu bewachen. Den erfüllen sie bis heute gut, denn noch hat es niemand gewagt, seine Totenruhe zu stören.

Die Terrakotta-Armee des Kaisers

Die Granatapfelbäume ihres Dorfes litten sehr unter der Trockenheit des Jahres 1974. Die beiden Bauern aus Xiyang in Zentralchina, sahen keinen anderen Ausweg mehr: Ein Brunnen musste her, um die Bäume bewässern zu können. Beim Ausschachten stießen sie in vier Meter Tiefe auf Tonscherben. Dann auf eine offenbar große tönerne Figur. Archäologen in staatlichem Auftrag kamen. Zu der Figur aus gebranntem Ton gesellten sich alsbald weitere. Bis heute kamen fast 8000 überlebensgroße Terrakotta-Krieger ans Licht, verteilt auf drei parallel verlaufende längliche Gruben und in voller Ausrüstung: Bogen- und Armbrustschützen, Infanteristen mit Stabdolche oder Lanzen, Streitwagengespanne, Offiziere.

Es ist nicht schwer zu erraten, unter wessen Oberkommando das unterirdische Heer stand. Die Krieger-Gruben liegen nur 1,3 Kilometer westlich eines 60 Meter hohen Hügels in Form einer vierseitigen Pyramide. Die künstliche Aufschüttung birgt in ihrem Inneren den Grabpalast von Qin Shi Huangdi – des ersten Kaisers, der 221 v. Chr. die Ära der „Streitenden Reiche" beendete und ganz China einte, genauer: mit brutaler Härte unter seine Knute zwang. Den bestens trainierten Armeen seines Qin-Reiches (sprich: „tschin" – der Ursprung des Wortes „China") hatte kein Nachbarherrscher etwas entgegenzusetzen.

Auf dieses Erfolgsrezept wollte der Erhabene auch im Jenseits nicht verzichten und ließ eine Ton-Garnison vor seinem Mausoleum anfertigen. Die drei Meter hohen Gruben sind mit Ziegeln gepflastert und durch Stützmauern aus gestampftem Lehm voneinander getrennt. Die Decken der Korridore bestanden aus Balken, darüber lagen Flechtmatten und darauf eine drei bis vier Meter hohe Lehmschicht. Jetzt schützt ein Hallendach die Gruben vor Regen.

Etwa 1,85 Meter maß ein gemeiner Ton-Soldat, etwa 2 Meter ein General. Nach dem Modul-Prinzip wurden die Statuen aus vorgefertigten Einzelteilen zusammengefügt und mit weichem Ton überzogen, in den die Künstler lebensechte individuelle Gesichter mitsamt Haar- und Barttracht sowie Rüstungs- und Kleidungsdetails modellierten. Keine Figur gleicht völlig einer anderen. Alle wurden nach dem Brennen bemalt, allerdings sind die Farben mittlerweile bis auf kleine Reste abgeplatzt.

Anhand von Signaturen der Künstler an den Krieger-Figuren haben die Archäologen rekonstruiert, dass 85 Meister mit schätzungsweise jeweils einem Dutzend Handlanger die unterirdische Garnison schufen. Die Arbeiten dürften rund ein Jahrzehnt gedauert haben, rund 1000 Menschen waren hierfür am Werk.

Die Kopfzahl benötigter Arbeitskräfte spielte unter Shi Huangdi keine Rolle. Der Kaiser ließ kilometerlange Bewässerungskanäle ausheben und Fernverkehrswege wie die 800 Kilometer lange Große Straße bis in die Innere Mongolei errichten. Er ordnete die erste Bauversion der Großen Mauer aus gestampfter Erde an und zwangsrekrutierte dafür Hunderttausende Arbeiter. Historiker schätzen, dass während seiner Regierungszeit (246 bis 210 v. Chr.) von den 30 Millionen Einwohnern seines Reiches 2 Millionen durch Zwangsarbeit und Hinrichtung umkamen.

Eine Arbeit von zehn Jahren

Etwa 100 Jahre nach dem Tod von Shi Huangdi schilderte der Geschichtsschreiber Sima Qian in seinen „Historischen Aufzeichnungen" detailliert den Bau des kaiserlichen Totenpalasts: „Die Arbeiter gruben sich durch drei unterirdische Wasserläufe und füllten die Kammern mit Modellen von Palästen und Türmen, Schmuck und Edelsteinen. Die Handwerker brachten Schießvorrichtungen an, die selbsttätig Grabräuber töten sollten." Die Erdpyramide ist von den Archäologen noch unangetastet. Offizielle Begründung: restauratorische Probleme, Schutz der mehr als 2200 Jahre alten Grabstätte vor Luftsauerstoff und Licht. Doch es gibt darüber hinaus die uralte Tradition in Ostasien, wonach es für das ganze Volk Unglück bringt, wenn die Ruhe eines hochrangigen Toten gestört wird.

Shi Huangdis Terrakotta-Krieger brauchen nicht zu ihren Bronzewaffen zu greifen.

1500
1512 Entdeckung des Golfstroms
1543 Das neue Bild des Himmels
1600
1700
1712 Dampfmaschine
1753 Linnés binäre Nomenklatur
1783 Heißluftballon
1800
1837 Daguerre: Fotografie
1845 Alexander von Humboldt
1859 Darwin: Entstehung der Arten
1869 Mendelejew: Periodensystem
1886 Automobil
1900
1905 Einsteins Relativitätstheorie
1915 Wegeners Kontinentaldrift
1928 Fleming entdeckt Penicillin
1938 Kernspaltung
1941 Erste Computer
1953 Menschliche Genetik
1954 Solarzelle
1961 Erster Mensch im Weltraum
1974 Terrakotta-Armee von Xi'an
1977 Künstliche Befruchtung
1991 Start World Wide Web
2000
2003 Homo floriensis
2010 Neue Menschenarten

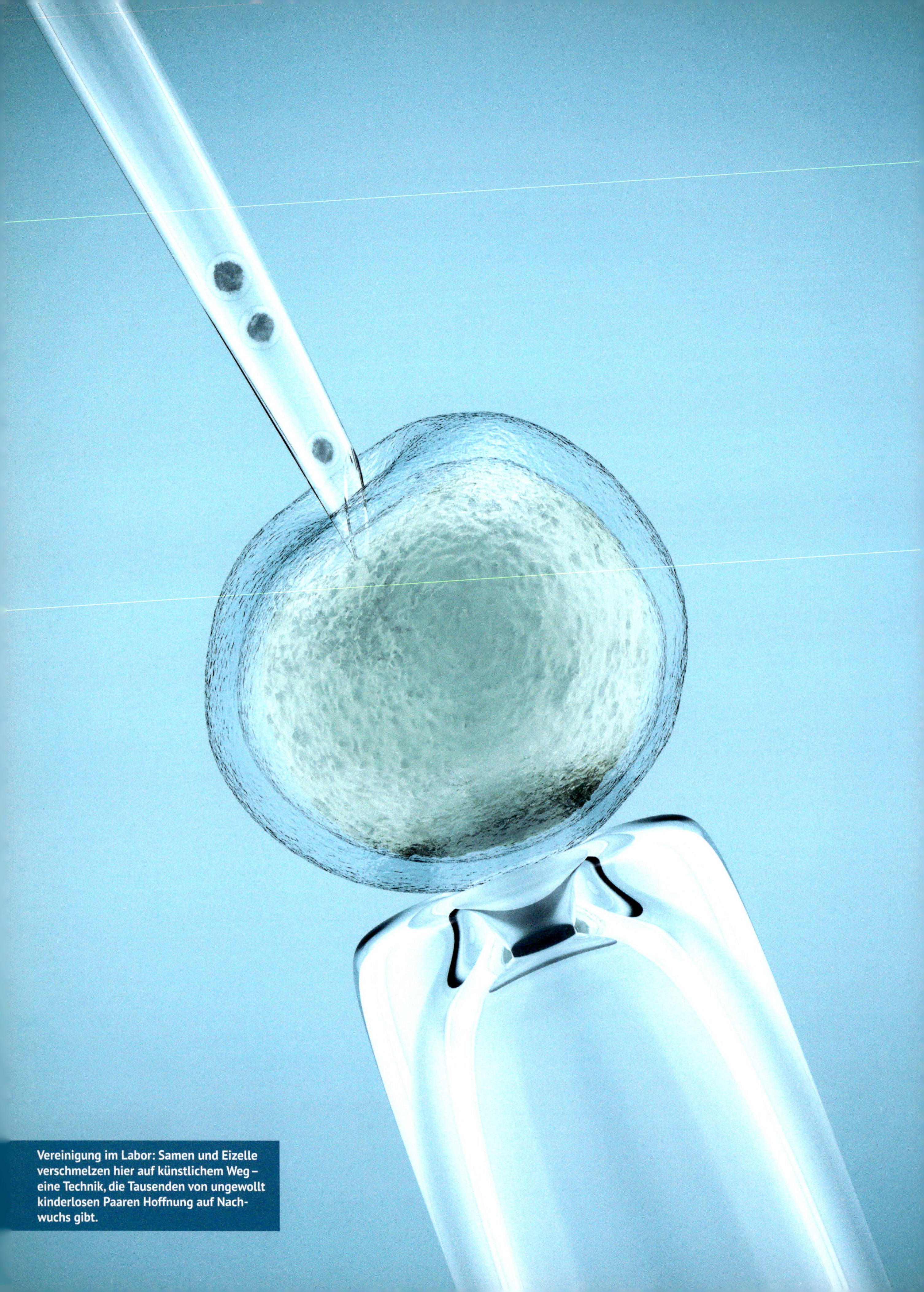

Vereinigung im Labor: Samen und Eizelle verschmelzen hier auf künstlichem Weg – eine Technik, die Tausenden von ungewollt kinderlosen Paaren Hoffnung auf Nachwuchs gibt.

Louise – das erste Retortenbaby

Kurz vor Mitternacht erfüllte der Schrei eines neugeborenen Babys den OP-Saal des Oldham General Hospital im Nordwesten Englands. Ein Mädchen war gerade per Kaiserschnitt entbunden worden: 49 Zentimeter groß, 2600 Gramm schwer, blond, blauäugig wie alle Babys – und offensichtlich kerngesund.

Vor den Toren der Klinik drängelten sich in dieser Nacht des 25. Juli 1978 die Journalisten. Stundenlang hatten sie ausgeharrt und auf die Nachricht von der Geburt der kleinen Louise gewartet.

Sehr viel länger hatten die Eltern des Mädchens auf diesen wohl wichtigsten Moment in ihrem Leben warten müssen: Neun Jahre lang hatte Louises Mutter, die damals 30-jährige Lesley Brown, vergeblich versucht, schwanger zu werden. Nachdem ihr Mann John, ein Lastwagenfahrer aus Bristol, beim Toto-Spielen ein paar hundert Pfund gewonnen hatte, entschloss sich das Paar zu einem letzten, verzweifelten Versuch, doch noch ein Kind zu bekommen.

Sie wandten sich an zwei Wissenschaftler, den Physiologen Robert Edwards und den Gynäkologen Patrick Steptoe. Die beiden hatten bereits im Februar 1969 von sich reden gemacht, als sie in der Zeitschrift Nature auf nur fünf Seiten über einen ungewöhnlichen Erfolg berichteten: Den Briten war es gelungen, die Eizelle einer Frau in einer Petrischale mit dem Spermium eines Mannes zu befruchten. Erstmals war so ein lebender Embryo außerhalb des mütterlichen Körpers entstanden.

Bis dahin war es ein weiter Weg gewesen. Denn was bei Hasen schon Anfang der Sechzigerjahre geglückt war, Nachwuchs aus der Retorte zu erzeugen, stellte sich beim Menschen als schwierig heraus. Die größte Hürde war zunächst, den richtigen Moment und eine geeignete Methode zu finden, um aus dem Eierstock der Frau reife, befruchtungsfähige Eizellen zu gewinnen. Künstliche Hormone und ein noch junges Verfahren aus Deutschland und Frankreich, die Bauchspiegelung per Endoskop, konnten das Problem schließlich lösen. Doch die Erfolge im Labor heimsten den Forschern nicht nur Anerkennung ein. Viele Menschen, auch Kollegen, hielten die Idee, Babys im Reagenzglas zu zeugen, für absurd und ethisch nicht vertretbar. Aber von einer aus ihrer Sicht fragwürdigen Moral ließen sich die Wissenschaftler nicht aufhalten. „Kinder zu haben, ist das Wichtigste im Leben", sagte Robert Edwards – selbst Vater von fünf Töchtern – viele Jahre später, als ihm im Dezember 2010 der Medizin-Nobelpreis verliehen wurde. Warum also sollte er nicht alles dafür tun, um kinderlosen Eltern zu ihrem Glück zu verhelfen?

Lange Zeit sah es allerdings nicht so aus, als ob ein im Labor entstandener Embryo in der Gebärmutter überhaupt zu einem gesunden Baby heranwachsen könne. Manchmal überlebten die Zellhaufen dort ein paar Stunden, zuweilen auch ein paar Tage – dann starben sie ab.

Der Beginn der Kinderwunsch-Therapie

Als John und Lesley Brown sich am 10. November 1977 zur Eizellentnahme ins Krankenhaus begaben, hatten Edwards und Steptoe bereits rund sechzig fehlgeschlagene Versuche einer In-Vitro-Fertilisation hinter sich. Und niemand weiß bis heute, warum sich ausgerechnet dieses Mal der Erfolg einstellte. Jedenfalls wuchs der zwei Tage später eingepflanzte Embryo in Lesleys Bauch heran – bis zu jenem denkwürdigen Tag im Juli, an dem Louise Joy Brown das Licht der Welt erblickte. Zwei Jahre später eröffneten Edwards und Steptoe im nahe gelegenen Cambridge die Bourn Hall Clinic, die weltweit erste Klinik für künstliche Befruchtung. Inzwischen werden allein in Deutschland jedes Jahr mehr als 60 000 Kinderwunschbehandlungen vorgenommen, die in fast jedem dritten Fall erfolgreich sind.

Die Krönung seiner Arbeit, den Erhalt des Nobelpreises, erlebte Steptoe nicht mehr. Er starb im März 1988 im Alter von 74 Jahren. So wurde die Auszeichnung 2010 Edwards alleine zugesprochen. Da war sein erstes Retortenbaby bereits vier Jahre zuvor selbst Mutter geworden: Am 21. Dezember 2006 hatte Louise Brown eine Tochter zur Welt gebracht. Cameron war auf ganz natürlichem Wege entstanden und geboren worden.

1500
- 1512 Entdeckung des Golfstroms
- 1543 Das neue Bild des Himmels

1600

1700
- 1712 Dampfmaschine
- 1753 Linnés binäre Nomenklatur
- 1783 Heißluftballon

1800
- 1837 Daguerre: Fotografie
- 1845 Alexander von Humboldt
- 1859 Darwin: Entstehung der Arten
- 1869 Mendelejew: Periodensystem
- 1886 Automobil

1900
- 1905 Einsteins Relativitätstheorie
- 1915 Wegeners Kontinentaldrift
- 1928 Fleming entdeckt Penicillin
- 1938 Kernspaltung
- 1941 Erste Computer
- 1953 Menschliche Genetik
- 1954 Solarzelle
- 1961 Erster Mensch im Weltraum
- 1973 Entdeckung von Lucy
- **1977 Künstliche Befruchtung**
- 1991 Start World Wide Web

2000
- 2003 Homo floriensis
- 2010 Neue Menschenarten

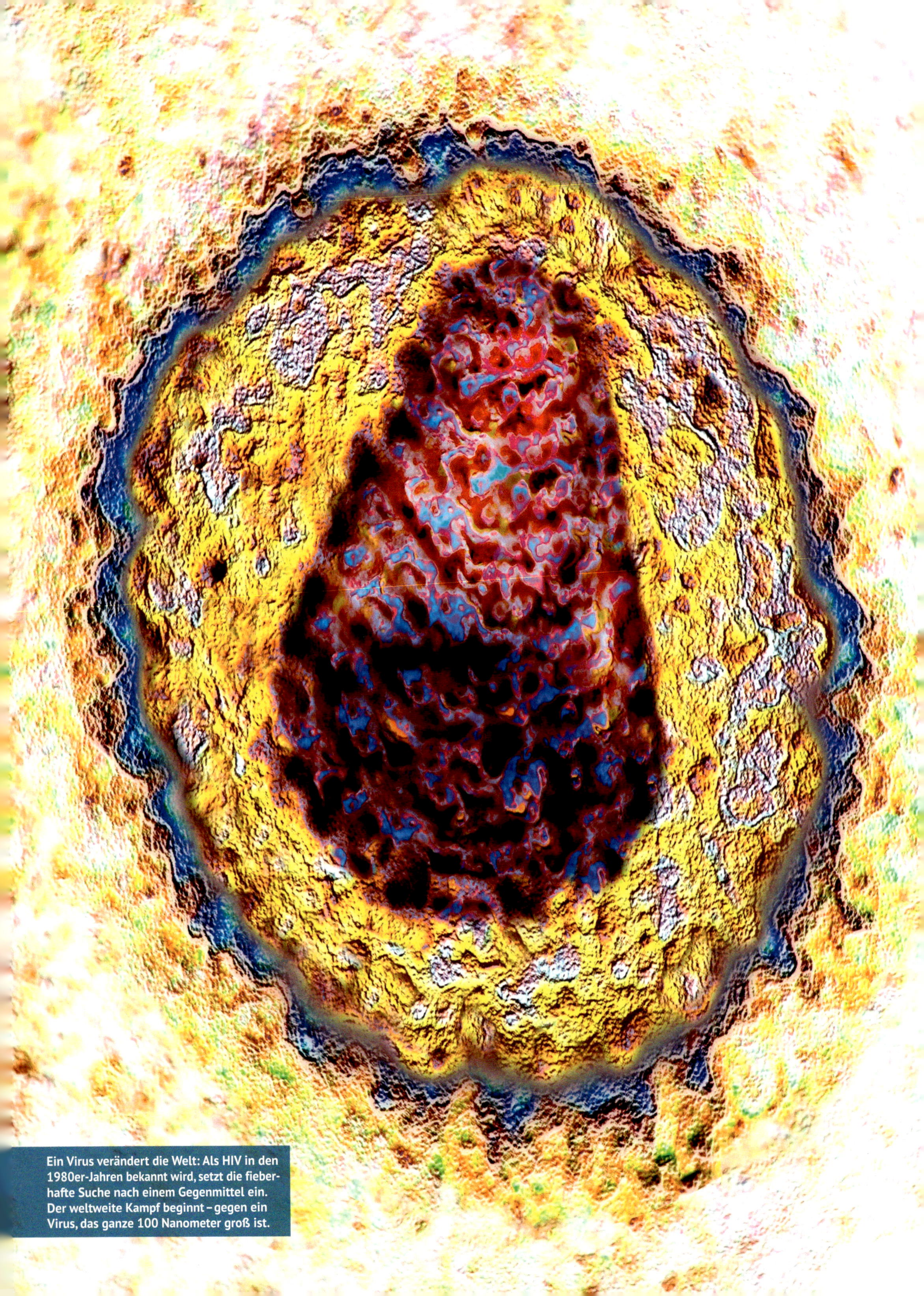

Ein Virus verändert die Welt: Als HIV in den 1980er-Jahren bekannt wird, setzt die fieberhafte Suche nach einem Gegenmittel ein. Der weltweite Kampf beginnt – gegen ein Virus, das ganze 100 Nanometer groß ist.

Der Aids-Erreger wird entdeckt

Ihren Anfang nahm die tödliche Seuche in den großen Städten der USA. Im Frühjahr 1980 erkrankten mit einem Mal junge Männer auf rätselhafte Weise. Sie husteten, litten an Fieber und Hautausschlägen. Ihre Lymphknoten waren geschwollen, im Mund und Darm siedelten Pilze. Manche entwickelten eine seltene Form von Lungenentzündung, andere ein Kaposi-Sarkom, eine bis dahin ebenfalls äußerst rare Form von Krebs. Hatte die Krankheit zugeschlagen, blieb den Betroffenen nicht mehr viel Zeit. Mehr als 90 Prozent der Erkrankten starben innerhalb weniger Jahre, oft kam der Tod schon nach Monaten. Auch die hohe Sterberate war ungewöhnlich. Selbst die Pest, der Schwarze Tod des Mittelalters, hatte nur jeden zweiten Infizierten dahingerafft.

Woher die neue Krankheit kam, blieb zunächst ein Rätsel. Auffallend war, dass das Immunsystem der Betroffenen nach und nach zusammenbrach. Doch die Patienten der ersten Stunde hatten noch etwas anderes gemein.

Sie waren homosexuell und hatten meist vielfältige Sexualkontakte. Schnell hatte die Krankheit daher einen Namen: Schwulenkrebs und Lustseuche waren nur ein paar der Bezeichnungen, mit denen sich heterosexuell oder monogam lebende Menschen in trügerischer Sicherheit wiegten.

Doch bald war klar, dass niemand vor der Seuche gefeit war. Als nächstes erkrankten Drogensüchtige, die ihre Spritzen teilten, Bluter, die Transfusionen erhielten, später auch gesunde Frauen und Kinder an Aids – dem Acquired Immune Deficiency Syndrome, wie die Krankheit seit 1982 hieß. Inzwischen wusste man, dass Aids eine Infektionskrankheit war, die durch Blut und Sperma übertragen wurde. Nur der Erreger war noch immer unbekannt.

Man tappe im Dunkeln und greife nach jedem Strohhalm, erklärte ein Sprecher der US-Seuchenbehörde, den Centers for Disease Control, Anfang 1983. Zu diesem Zeitpunkt waren in den USA mehr als 500 Menschen an Aids gestorben, weltweit waren rund 1500 nachweislich erkrankt, fast die Hälfte davon in New York. Die Dunkelziffer der Infizierten, so schätzte man, ging in die Zehntausende. Auch in Deutschland hatte es bereits die ersten Aidstoten gegeben.

Es waren zwei Forscherteams aus Frankreich und den USA, die am 20. Mai 1983 mit ihren zeitgleich in der Zeitschrift Science erschienenen Artikeln Licht ins Dunkel brachten. Die Franzosen Françoise Barré-Sinoussi und Luc Montagnier hatten aus den Lymphknoten eines Aidspatienten ein Virus isoliert, dem sie den Namen Lymphadenopathie-assoziiertes Virus, kurz LAV, gaben. Rund ein Jahr später stellte sich heraus, dass die beiden damit tatsächlich den Erreger von Aids – das Humane Immundefizienz-Virus, besser bekannt als HIV – entdeckt hatten: ein Retrovirus, das Zellen des Immunsystems, die T4-Helferzellen, zerstört.

Ein Kopf-an-Kopf Rennen der Forscher

Das Team um den US-Amerikaner Robert Gallo beschrieb in Science ebenfalls ein Virus, das seiner Ansicht nach Aids auslösen könnte. Allerdings handelte es sich dabei um humane T-Zell-Leukämieviren, die in den Proben ebenfalls vorlagen. Erst ein Jahr später konnten auch Gallo und seine Kollegen das HI-Virus isolieren. In einer Pressekonferenz mit der US-Gesundheitsministerin Margaret Heckler gab Gallo am 23. April 1984 bekannt, dass er das Virus entdeckt habe, das Aids auslöse.

Was folgte, war ein jahrelanger Rechtsstreit. Denn Montagnier fand, dass nicht Gallo, sondern er der Entdecker des Aidserregers sei. In dem Streit ging es nicht nur um Ehre, sondern auch um Geld: Beide Forscher beanspruchten das Patent für den HIV-Test für sich. Gelöst wurde das Problem erst auf höchster staatlicher Ebene. Auf einem Treffen der Präsidenten Jaques Chirac und Ronald Reagan einigte man sich darauf, die Einnahmen aus den Patenten zu teilen.

Weniger harmoniebedürftig zeigte sich im Jahr 2008 das Nobelkomitee: Den Medizin-Nobelpreis für die Entdeckung des HI-Virus erhielten Barré-Sinoussi und Montagnier. Dabei ist es unbestreitbar auch Gallos Forschung zu verdanken, dass Medikamente den Erreger heutzutage in Schach halten können.

1500
1512 Entdeckung des Golfstroms
1543 Das neue Bild des Himmels
1600
1700
1712 Dampfmaschine
1753 Linnés binäre Nomenklatur
1783 Heißluftballon
1800
1837 Daguerre: Fotografie
1845 Alexander von Humboldt
1859 Darwin: Entstehung der Arten
1869 Mendelejew: Periodensystem
1886 Automobil
1900
1905 Einsteins Relativitätstheorie
1915 Wegeners Kontinentaldrift
1928 Fleming entdeckt Penicillin
1938 Kernspaltung
1941 Erste Computer
1953 Menschliche Genetik
1954 Solarzelle
1961 Erster Mensch im Weltraum
1973 Entdeckung von Lucy
1977 Künstliche Befruchtung
1983 Entdeckung des Aids-Erregers
1991 Start World Wide Web
2000
2003 Homo floriensis
2010 Neue Menschenarten

Ein Mann erschafft die digitale Welt: Es war der Informatiker Tim Berners-Lee, Physiker am Forschungszentrum CERN, der das www in Gang setzte. Dafür wurde er 2004 von der britischen Queen geadelt.

Die Erfindung des World Wide Web

Wir shoppen im Internet, erledigen dort unsere Bankgeschäfte, buchen Urlaube und viele lernen sogar ihren Partner kennen – mehr als 40 Prozent der Weltbevölkerung nutzt das Internet, Tendenz steigend. Der, der es erfunden hat, ist deutlich weniger bekannt: Am 6. August 1991 veröffentlichte der englische Informatiker und Physiker Tim Berners-Lee am europäischen Kernforschungszentrum CERN in Genf die erste Webseite der Welt – damals noch grüne Schrift auf schwarzem Hintergrund. Sein Anliegen: ein weltweites, Informationssystem zu schaffen, das allen Menschen zugänglich ist. „Das Web ist eher eine soziale als technische Errungenschaft."
Im August 1991 hingegen nimmt kaum jemand Notiz von der digitalen Innovation, die die Welt in jenen Sog treiben sollte, den selbst Berners-Lee nicht mehr kontrollieren konnte: Die Zahl der Webseiten explodierte binnen weniger Jahre. 1993 waren es 130, im Juli 1998 sind es 36,7 Millionen, im Herbst 2014 gibt es über eine Milliarde Webseiten. Reich ist Berners-Lee trotzdem nicht geworden. Er ließ seine Ideen niemals patentieren, stellte die Nutzung des WWW der Allgemeinheit zur Verfügung und ebnete so dem Internet den Weg als Massenmedium. Dennoch schuf der Brite die Grundlage für den Reichtum vieler Internet-Milliardäre und -Millionäre: 1994/95 gingen mit Yahoo und Ebay gleich zwei spätere Internet-Giganten an den Start, Amazon verkaufte 1995 sein erstes Buch. 1998 folgte Googles Suchmaschine und 2004 gründete Mark Zuckerberg als Student die soziale Plattform Facebook.

Das Internet ist schon deutlich älter als das World Wide Web. Es entwickelte sich 1969 aus einem Projekt des US-Verteidigungsministeriums und wird fälschlicherweise oft mit dem World Wide Web gleichgesetzt. Dabei bezeichnet das Internet lediglich die Verbindung zwischen Computern und lässt sich am einfachsten mit einem Netzwerk von elektronischen Straßen vergleichen. Das World Wide Web hingegen ist eine Anwendung, die diese Infrastruktur nutzt – so wie verschiedene Fahrzeuge auf einer Straße entlang rollen.

Berners-Lees Faszination für die digitale Vernetzung stößt im CERN zunächst nicht auf viel Zuspruch. Bereits 1989 beschreibt der Forscher die wesentlichen Punkte seiner genialen Idee in einem Projektantrag mit dem Titel „Informationsmanagement. Ein Vorschlag."

„Vage, aber aufregend", findet sein Chef, der eigentliche Antrag wird angelehnt, Berners-Lee lässt sich nicht abhalten und beginnt – so ganz nebenbei – drei Technologien zu entwickeln, die bis heute die Grundlage des World Wide Web bilden. Der Informatiker definiert die „Hypertext Markup Language", kurz HTML. Außerdem entwickelt er das „Hypertext Transfer Protocol" (HTTP) – eine universelle Sprache, wenn Computer miteinander über das Internet kommunizieren. Und zu guter Letzt entwirft er den „Universal Resource Identifier" (URI), heute bekannter als „Uniform Resource Locator" (URL), also die Webadresse, mit der Inhalte gefunden werden.

Drei Erfindungen machen eine Revolution

Für viele Unternehmen brechen in den folgenden 1990er-Jahren goldene Zeiten an: Sie wittern in der New Economy das schnelle Geld. Unzählige Startups schießen aus dem Boden, viele gehen – bedingt durch das große Anlegerinteresse – an die Börse, aber erfüllen nicht die Gewinnerwartungen. Im März 2000 platzt die riesige Spekulationsblase – ein Wendepunkt für das Web.

Die Wirtschaft erkennt, dass selbst eine digitale Revolution wie das World Wide Web die Grundregeln der Wirtschaftlichkeit nicht aushebeln kann. Zugleich will sie mit neuen Technologien und Anwendungen die Anforderungen sowohl der Internetbenutzer als auch der Wirtschaft erfüllen: Das Zeitalter des „Web 2.0" beginnt. Geprägt hat diesen Begriff der amerikanische Verleger Tim O'Reilly im Jahr 2004 mit der Namensgebung seiner „Web 2.0 Conference". Das „Web 2.0" gilt als „Mitmachnetz": Internet-Nutzer füllen es mit Leben, schreiben Texte oder stellen Videos und Fotos online – was aktuell immer mehr Fragen nach der Verantwortlichkeit der Urheber aufwirft.

Ein Zwerg als Mythos: 2003 fand eine Forschergruppe Fragmente eines Zwergenvolkes in Indonesien. Ein Hinweis auf die Entwicklung zu Kleinformen, wenn natürliche Feinde fehlen?

Die Zwergmenschen von Flores

„Hobbits" hat die Weltpresse sie alsbald getauft, nach den kleinwüchsigen Wesen in den Romanen von J.R.R. Tolkien. 2003 stieß ein Grabungsteam um den Australier Mike Morwood und den Indonesier Thomas Sutikna in der Liang-Bua-Höhle auf der Insel Flores auf Skelettteile einer 106 Zentimeter großen – erwachsenen – Frau. Weitere Knochen- und Zahnfunde von insgesamt 14 solcher winzigen Individuen aus den Sedimenten der tropischen Höhle kamen hinzu. „Homo floresiensis" tauften die Ausgräber ihre Entdeckung.

Das zuerst gefundene Individuum (wissenschaftliches Kürzel: LB1) ist fast vollständig. Es verblüffte die Forscher durch sein groteskes Sammelsurium von Merkmalen, die aus der gesamten Menschheits-Vorgeschichte zusammengewürfelt scheinen. Das Schädelinnenvolumen gleicht dem eines Schimpansen – mit 380 Kubikzentimetern war das Gehirn der Hobbit-Frau nur ein Drittel so groß wie bei einem modernen Menschen. Die Zähne des Unterkiefers und das Schultergelenk erinnern an den Frühmenschen Homo erectus. Körpergröße, Armlänge und Becken lassen an den Australopithecus afarensis („Lucy") denken, doch die überdimensional großen Füße sehen aus wie bei einem Bonobo.

Angesichts dieser wilden Mischung entspann sich ein Gelehrtenstreit um die Frage, an welcher Stelle im Stammbaum diese Zwergmenschen einzuordnen seien. Etwa Abkömmlinge von afrikanischen Australopithecinen, die schon vor mehr als zwei Millionen Jahren nach Südasien eingewandert waren? Oder Nachkommen des Homo erectus, der nachweislich vor 1,8 Millionen Jahren aus Ostafrika nach Asien zog? Allerdings brachte es Homo erectus auf eine Größe von 1,50 bis 1,75 Meter – war ein isoliertes Splittergrüppchen dieser Frühmenschen auf der indonesischen Insel „verzwergt", wie die Biologen dieses Phänomen nennen? Die Begleitfunde aus der Liang-Bua-Höhle konnten zur Klärung dieser Frage nicht viel beitragen. In den Sedimenten fand das Grabungsteam einfache Speerspitzen und Schaber aus Flusskieseln. Gejagt und verspeist hatten die Hobbits die einst auf Flores heimischen Riesenratten, Warane und ebenfalls zwergenhaft kleine Abkömmlinge der Rüsseltier-Gattung Stegodon.

Verwirrung stifteten die Datierungsversuche. Zwischen 95 000 und 17 000 Jahre alt seien die Fundschichten, hieß es zunächst – was bedeutet hätte, dass die vor rund 50 000 Jahren aus Afrika auswandernden modernen Sapiens-Menschen auf Flores noch lebende Hobbits getroffen haben könnten. Im März 2016 machte die Veröffentlichung einer Arbeitsgruppe um Thomas Sutikna im Fachblatt „Nature" Schluss mit diesen Gedankenspielen. Die Forscher sind Erosionsprozessen im Höhlenboden auf die Spur gekommen und haben die Datierung auf neue sichere Beine gestellt. Die menschlichen Überreste sind in Wahrheit 60 000 bis 100 000 Jahre alt.

Kleine Spezies mit langer Geschichte

Drei Monate danach berichtete ebenfalls in „Nature" ein Team um Gerrit van den Bergh von der australischen University of Wollongong von neuen Funden auf Flores. Die Datierung weist den Fossilien ein Alter von 700 000 Jahren zu – höchstwahrscheinlich ferne Ahnen der Liang-Bua-Hobbits. Damit ist klar: Homo floresiensis war als kleinwüchsige Menschenart viele Hunderttausend Jahre lang auf der Insel heimisch.

Nach Ansicht der Forscher um van den Bergh sind die Flores-Menschen Nachkommen des weit größeren Homo erectus, und das eingeschränkte Nahrungsspektrum auf Flores habe eine isolierte Gruppe dieser Frühmenschen „verzwergen" lassen. Die Anthropologin Debbie Argue von der Australian National University widerspricht: Aufgrund von 2017 durchgeführten Skelettanalysen hält sie Homo habilis, den Vorläufer von Homo erectus, für den Ahnen des Flores-Menschen.

So oder so – es bleibt das Fazit: Die Evolution folgt keineswegs einem internen Kompass in Richtung „Höherentwicklung". Sie formt ihre Wesen nach den herrschenden Umweltbedingungen. Und da macht die Gattung Homo keine Ausnahme.

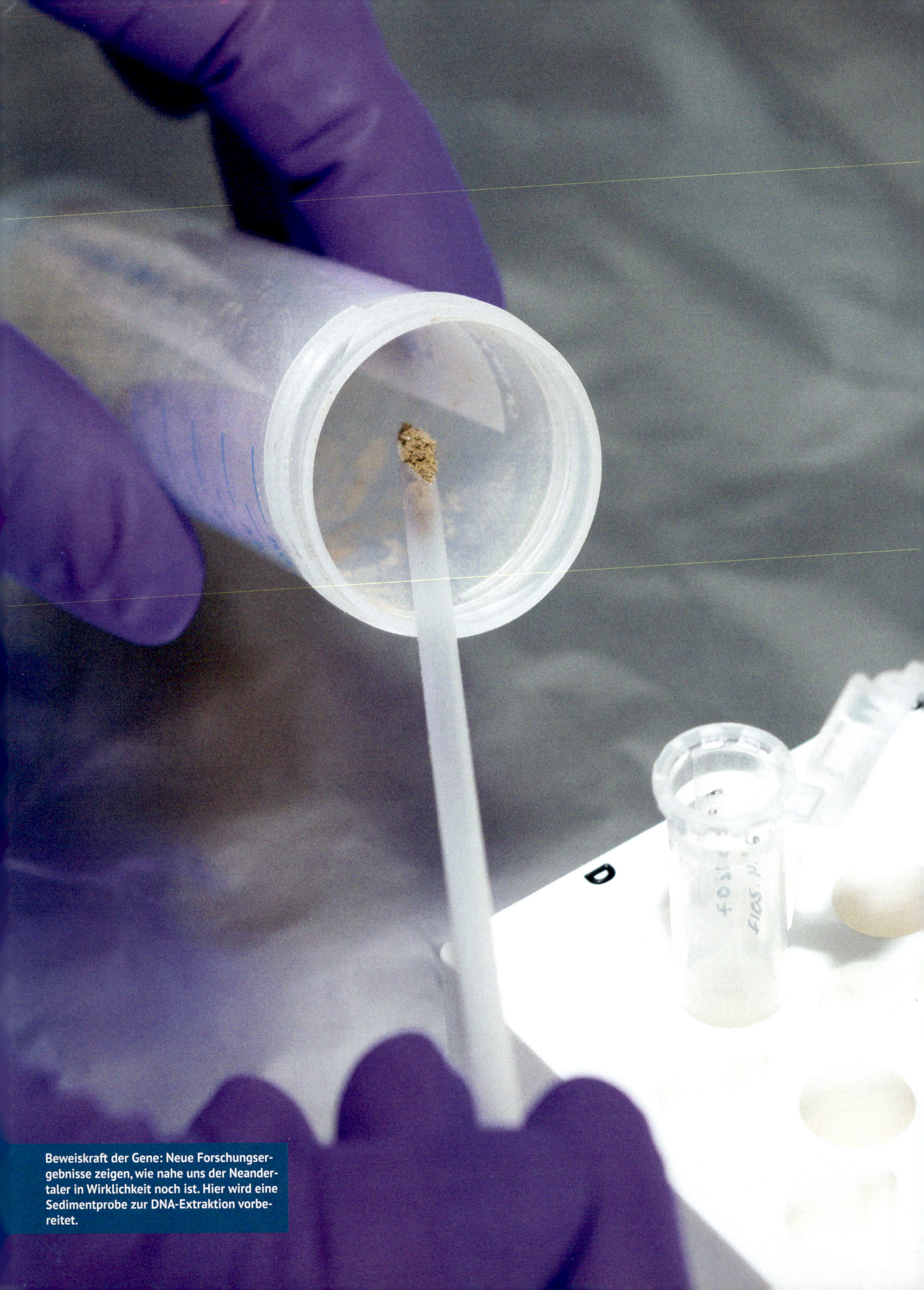

Beweiskraft der Gene: Neue Forschungsergebnisse zeigen, wie nahe uns der Neandertaler in Wirklichkeit noch ist. Hier wird eine Sedimentprobe zur DNA-Extraktion vorbereitet.

Geäst des menschlichen Stammbaums

Bis zum Jahr 2010 schien die Menschheitsgeschichte vergleichsweise überschaubar. Vor rund 50 000 Jahren verließ eine Gruppe anatomisch moderner Menschen Ostafrika und wanderte nach Südasien und Australien, vor etwa 40 000 Jahren auch nach Europa. Wo auch immer die handwerklich und künstlerisch begabten Einwanderer auftauchten, verdrängten sie alteingesessene archaische Menschenformen wie etwa den europäischen und westasiatischen Neandertaler. Die urtümlichen Vorläufer verschwanden spurlos. Dachte man. Doch dieses simple „Out-of-Africa"-Szenario ist seit 2010 Makulatur. Da veröffentlichte eine Arbeitsgruppe um Richard Green und Svante Pääbo den ersten Gen-Sequenz-Entwurf des Neandertalers – fossile Knochen dieser robusten Menschenform aus einer Höhle in Kroatien hatten genügend intakte Erbsubstanz für eine solche Analyse enthalten.

Der Vergleich dieser Neandertaler-DNA-Sequenz mit dem Erbgut heute lebender Menschen erbrachte eine Sensation: Die Erbsubstanz des heutigen Homo sapiens enthält zwischen ein und vier Prozent Einsprengsel von Neandertaler-Allelen. Als „Allele" bezeichnen die Biologen unterschiedliche Spielarten von Genen mit gleicher Funktion. In Europäern beträgt der Anteil an Neandertaler-Allelen durchschnittlich 1,2 Prozent, in Ostasiaten 1,4 Prozent.

Die Neandertaler sind nur insofern vor 39 000 Jahren ausgestorben, als es seitdem keine „100-prozentigen" Individuen dieser Menschenform mehr gibt – doch ein Teil ihres Erbguts lebt in den heutigen Menschen fort. Das war ein herber Schlag für alle Anhänger wirrer Ideologien, die sich selbst bislang als Träger eines „reinen" – und angeblich besonders wertvollen – Erbguts gesehen und daraus Überlegenheitsfantasien abgeleitet hatten.

Noch vor Ablauf des Jahres 2010 kam ein zweiter wissenschaftlicher Axthieb in dieselbe Kerbe. Da veröffentlichte ein Team um Max-Planck- und Harvard-Forscher die Gen-Sequenz einer zweiten, bisher unbekannten Menschenform, die offenbar in Mittel- und Südasien existiert hatte. Sie wurde nach dem Fundort des DNA-spendenden Fingerknochens „Denisova-Mensch" getauft. Der Vergleich mit Menschen der Gegenwart zeigte: Auch dieser archaische, vor circa 50 000 Jahren verschwundene Vetter des Neandertalers hatte sich einst mit anatomisch modernen Menschen gekreuzt.

2011 berichtete eine US-Arbeitsgruppe um den Genetiker Michael Hammer, sie hätten in heutigen Bevölkerungen Schwarzafrikas zwei bis drei Prozent an Allelen aufgespürt, die von einer bislang unbekannten archaischen Menschenform stammen. Diese Kreuzungen lägen etwa 35 000 Jahre zurück. Bei den relativ isoliert lebenden ethnischen Gruppen der Biaka, Mandenka und San in Zentralafrika sei das archaische genetische Signal am stärksten

Ein Stück Neandertal lebt in uns allen .

Waren die geschilderten drei Kreuzungen lediglich aus den Auswerteprotokollen von DNA-Sequenziermaschinen herauszulesen, erbrachte das Jahr 2015 einen Neandertaler-Mischling „zum Anfassen". Ein Team um Svante Pääbo und den Harvard-Genetiker David Reich fand 6 bis 9,4 Prozent Neandertaler-Allele in einer Probe aus dem fossilen Unterkiefer „Oase-1". Er ist 40 500 Jahre alt und wurde in einer rumänischen Höhle entdeckt.

Das Fossil vereint moderne Merkmale mit archaischen – etwa die riesigen Backenzähne sowie ein neandertalertypischer Knochengrat in der hinteren Ecke des Unterkieferastes.

Vor rund 40 000 Jahren dürften solche „hochprozentigen" Mischlinge aus beiden Menschenformen zahlreich gewesen sein. Das Meiste der archaischen Gene wurde aus dem Erbgut getilgt. Die Genetiker sprechen bei solchen Prozessen von „negativer Selektion".

Doch ein Bodensatz an archaischer DNA ist den Menschen der Gegenwart trotzdem geblieben – wir alle sind tatsächlich Mischlinge.

Keine andere anthropologische Erkenntnis der letzten 50 Jahre hat das Menschenbild so sehr revolutioniert wie diese.

Autoren

Rüdiger Vaas:
Der Physik- und Astronomie-Redakteur von bild der wissenschaft beschäftigt sich mit der Welt der kleinsten Teilchen genauso wie mit dem Kosmos insgesamt.

Jan Berndorff:
Der Geograf, Regionalwissenschaftler und Wissenschaftsjournalist spannt seine Interessen von der Astronomie über Geowissenschaften und Technik bis zu Tieren.

Thorwald Ewe:
Der Diplom-Chemiker und Wissenschaftsjournalist begeistert sich seit mehr als zwei Jahrzehnten für die Forschungsergebnisse der Anthropologie.

Anke Brodmerkel:
Schreibt als Wissenschaftsjournalistin mit dem Schwerpunkt Biomedizin am liebsten über alles, was mit Leben und Tod zu tun hat.

Tim Schröder:
Die journalistischen Schwerpunkte des Biologen sind Technik und Wissenschaft, nebenbei verfasst er gerne Gedichte und Kurzweiliges.

Alexander Mäder (S. 93 – 95)**:**
Physik, Philosophie und Psychologie: Drei P bestimmen die Studienschwerpunkte des Wissenschaftsjournalisten und Experten für Wissenschaftsforschung.

Abbildungsnachwe

2Dmedia/WindFors: S. 10; *Adam Evans:* S. 80; *AKG-images:* S. 20, 24, 26, 30, 32, 35, 38, 40, 42, 46, 48, 52, 54, 62, 64, 66, 72, 82, 88, 91, 92, 95, 98, 100, 112, 114, 116, 122, 124; *Alamy:* S. 86, 106; *Alfred-Wegener-Institut/Stefan Hendricks (CC-BY 4.0):* S. 13; *CERN:* S. 16/17, 110; *Andriy Chmyrov, Stefan W. Hell, Max-Planck-Institut für biophysikalische Chemie:* S. 84; *Daderot:* S. 60; *Daily Herald Archive/SSPL/Getty Images:* S. 102; *DLR/Ernsting:* S. 14; *DLR/Hauschild (CC-BY 3.0):* S. 7; *ESA, Planck Collaboration:* S. 108; *Petr Horàlek/ESO:* S. 2/3; *iStockphoto.com:* S. 9, 11, 12, 44, 50, 56, 118; *mauritius images/Tetra Images:* S. 68; *NASA:* S. 104; *NASA/GSFC Scientific Visualization Studio:* S. 18; *S. Ossokine, A. Buonanno (Max-Planck-Institut für Gravitationsphysik), Simulating eXtreme Spacetime Projekt, D. Steinhauser (Airborne Hydro Mapping GmbH):* S. 70; *picture alliance:* 36, 58, 74, 78, 96, 120; *Shutterstock:* S. 76; *Sylvio Tüpke, Max-Planck-Institut für Evolutionäre Anthropologie:* S. 126

Ilar
Newton